Christoph Riedel

Auf **Schienen** durchs **Lahntal**

Reise von Erndtebrück nach Lahnstein

Fotografien von 1985 bis heute

Der RE 25 von Limburg nach Koblenz passiert in der Mittagszeit des 23. Mai 2024 das ehemalige Stellwerk am Ostkopf des Bahnhofs Bad Ems.

Für Sören (1979 – 2023)

Impressum

Einbandgestaltung: Sven Rauert
Titelbild: *Blick auf Balduinstein vom nördlichen Lahnufer: So lässt sich die Lahntalbahn zusammen mit Burg und Kirche schön ins Bild setzen, auch wenn der Bewuchs am Lahnufer den Triebwagen am 1. Juni 2023 teilweise verdeckt.*
Rückseite: *Einfahrt der Regionalbahn nach Limburg in den Bahnhof Runkel. Im Hintergrund thronen die Burgen Runkel und Schadeck hoch über dem Lahntal.*
Fotos: Christoph Riedel

Bildnachweis: Sören Riedel (†): S. 25, S. 26 links, S. 83, S. 94, S.100, S.122 unten links. Alle anderen Fotos stammen vom Verfasser.

ISBN 978-3-613-71721-3

1. Auflage 2024

Sie finden uns im Internet unter **www.transpress.de**

Lektor: Hartmut Lange
Innengestaltung: DÄNEKAS GRAFIK. ILLUSTRATION, 27243 Groß Ippener
Repro: Medien und Printprodukte, 74321 Bietigheim-Bissingen
Druck und Bindung: Graspo Cz a.s., CZ-76302 Zlin
Printed in Czech Republic

Inhalt

Vorwort

Wenn von der »Lahntalbahn« die Rede ist, denkt man gewöhnlich an die landschaftlich außerordentlich reizvolle Bahnstrecke von Wetzlar nach Lahnstein am Rhein. Das Lahntal beginnt allerdings wesentlich weiter nördlich an der Nahtstelle zwischen Rothaargebirge und Gladenbacher Bergland am 625 Meter hohen »Lahnkopf« östlich von Siegen, wo auch die Flüsse Eder und Sieg ihren Ausgangspunkt haben. Von hier fließt die Lahn zunächst nach Osten bis in den Raum Marburg und dann in südlicher Richtung bis Gießen, immer entlang des Gladenbacher Berglandes. Erst ab Gießen wendet sich der Fluss in Richtung Westen und erreicht auf seinem windungsreichen Weg zwischen Westerwald und Hintertaunus über Wetzlar, Weilburg, Limburg und Bad Ems den Rhein bei Lahnstein.

Ausgangspunkt der Bahnstrecken durch das Lahntal ist der ländliche Abzweigbahnhof Erndtebrück in Nordrhein-Westfalen. Dort zweigt unsere Strecke von der heutigen Regionalbahnlinie 93 Betzdorf–Siegen–Kreuztal–Bad Berleburg ab, erreicht das eigentliche Lahntal aber erst nach 15 Kilometern im Haltepunkt Feudingen. Von hier aus wird der 246 Kilometer lange Fluss bis zu seiner Mündung in den Rhein bei Lahnstein von den Schienensträngen mehrerer Eisenbahnstrecken begleitet. Die eingleisige Bahn von Erndtebrück führt über Bad Laasphe, wo die Landesgrenze zu Hessen überschritten wird, Wallau, Biedenkopf und Caldern nach Cölbe. Das letzte Stück zwischen dem Abzweigbahnhof Sarnau und Cölbe teilt sich die Lahntalstrecke mit der von Frankenberg kommenden Burgwaldbahn, die von der Regionalbahnlinie 97 Brilon Stadt–Marburg genutzt wird. Bis 1987 war auch Wallau – zwischen Laasphe und Biedenkopf gelegen – ein Abzweigbahnhof der Oberen Lahntalbahn. Von hier aus gelangten die Züge über den Steilstreckenabschnitt bei Hirzenhain nach Dillenburg an der Hauptstrecke Wetzlar–Siegen. In Cölbe erreichen die Züge aus Erndtebrück und Brilon Stadt die zweigleisige elektrifizierte Main-Weser-Bahn Kassel–Frankfurt, die das Lahntal bis Gießen nutzt. Auch hier gab es früher abzweigende Nebenbahnen. Von Niederwalgern südlich von Marburg aus konnten Reisende unter Umgehung von Gießen und Wetzlar bis 1995 (Stilllegung Niederwalgern–Hartenrod) direkt nach Herborn an der Strecke Gießen–Siegen gelangen. Seit 2001 ist auch der Rest dieser Verbindungsspange ohne Zugverkehr. Etwas weiter südlich zweigte in Lollar nach Osten die »Lumdatalbahn« Lollar–Grünberg ab, die bereits in den Jahren 1963 (Grünberg–Londorf) und 1981 (Londorf–Lollar) im Personenverkehr stillgelegt wurde. Für den zuletzt aufge-

Die Eisenbahn im Lahntal

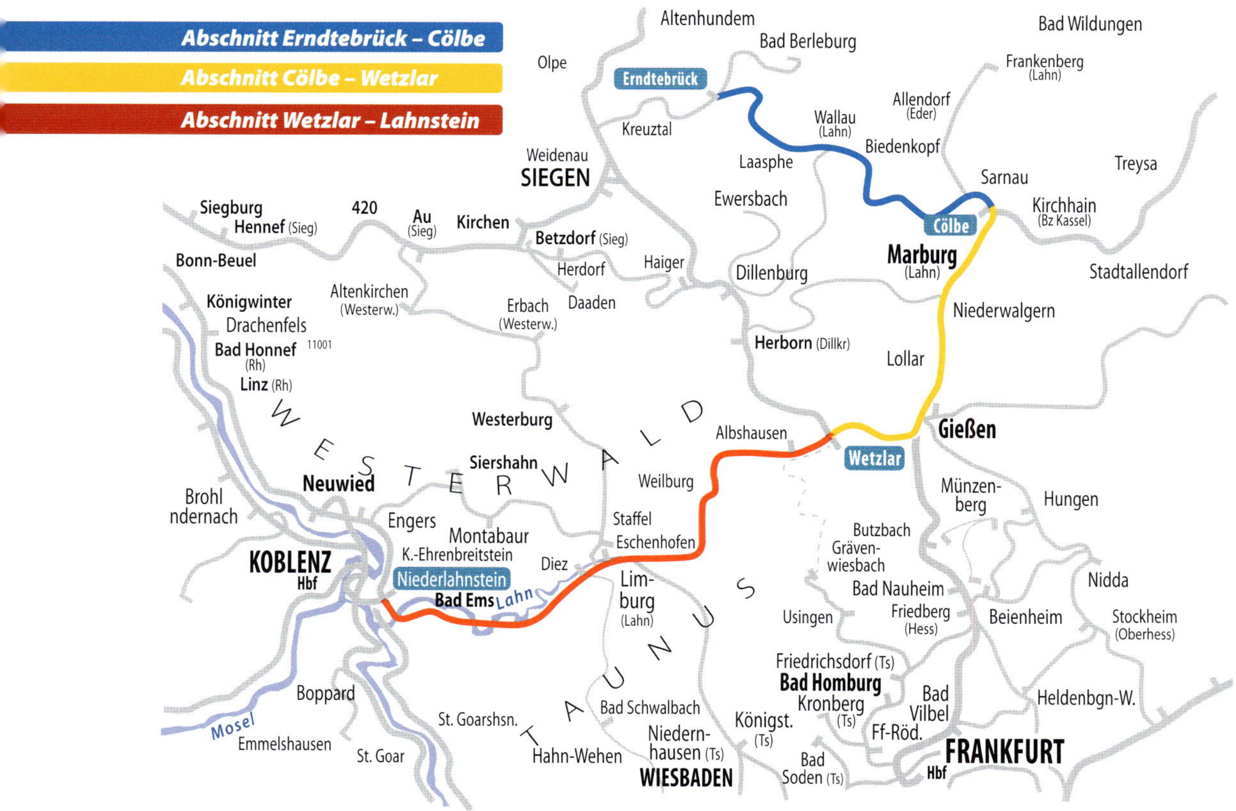

gebenen Abschnitt läuft allerdings derzeit die Planung für eine Reaktivierung des Personenverkehrs. 2023 wurden bereits die Arbeiten für eine Reaktivierung des Güterverkehrs zwischen Lollar und Mainzlar aufgenommen. Ebenfalls von Lollar aus führte seit 1878 ein Teilstück der sogenannten »Kanonenbahn« unter Umgehung des Bahnknotens Gießen direkt nach Wetzlar. Diese Strecke verlor den Personenverkehr bereits im Jahr 1980. Der Streckenabschnitt zwischen Gießen und Wetzlar ist ebenfalls zweigleisig und elektrifiziert und führt weiter in Richtung Siegen. In Wetzlar verlassen die weiter durch das Lahntal verkehrenden Züge die elektrifizierte Strecke nach Siegen (Dillstrecke/Köln-Gießener Bahn) und gelangen entlang der Lahn über Weilburg in die Bischofsstadt Limburg. Auch hier ist zwischen Eschhofen und dem Limburger Bahnhof ein kurzes Stück der Lahntalbahn von drei Kilometern Länge elektrifiziert, damit die Regionalexpresszüge Frankfurt–Limburg, die in Eschhofen auf die Lahntalbahn stoßen, bis in den Limburger Bahnhof gelangen können.

Limburg ist der letzte Bahnhof der Lahntalbahn auf hessischem Gebiet, die folgende Station Diez befindet sich bereits in Rheinland-Pfalz. Von Limburg bis zur Lahnmündung legen die Züge noch weitere 47 Kilometer längs des Flusses Lahn zurück, bevor sie bei Niederlahnstein auf der Horchheimer Brücke den Rhein überqueren und den Koblenzer Hauptbahnhof erreichen.

Überregionalen Zugverkehr gibt es im Lahntal heute nur noch auf der Main-Weser-Bahn. Das war früher anders. Zwar diente die Strecke im oberen Lahntal zwischen Erndtebrück und Cölbe auch früher fast ausschließlich dem regionalen Zugverkehr, im unteren Lahntal zwischen Wetzlar und Niederlahnstein aber verkehrten auch zahlreiche Züge über beachtliche Entfernungen. Erwähnt seien hier nur der sogenannte »Heckeneilzug« E 575/576 Trier–Westerland, der 1958 das Lahntal zwischen Niederlahnstein und Cölbe befuhr, und der D-Zug Paris–Koblenz, der mehrere Jahre lang über Koblenz hinaus durch das untere Lahntal bis Gießen verkehrte.

Heute gehören die Strecken entlang der Lahn zu drei verschiedenen Verbindungen. Im oberen Lahntal verbinden die Regionalbahnen der Linie 94 Erndtebrück im Zweistundentakt mit Marburg, von Bad Laasphe aus ist der Takt auf 60 Minuten verdichtet. Zwischen (Cölbe–) Marburg und Gießen bietet der Verkehrsverbund Rhein-Main Regionalbahn- und Regionalexpressverbindungen an, daneben sind sowohl Marburg als auch Gießen IC/ICE-Haltepunkte. Gießen ist Ausgangspunkt zweier Regionalexpresslinien, die zweistündlich durch das Lahntal bis Limburg oder Koblenz laufen. Daneben können die Reisenden im unteren Lahntal die stündlich verkehrenden Regionalbahnen nutzen. Zwischen Gießen und Limburg ist das die RB 45 (Fulda–Limburg), die Gießen über die Vogelsbergbahn erreicht, und zwischen Limburg und Niederlahnstein bedient die RB 23 nach Mayen Ost alle Haltestellen im unteren Lahntal. Bedeutenden Güterverkehr gibt es heute lediglich auf der Main-Weser-Bahn, wenn auch im Lahntal einige überregionale Güterzüge zu beobachten sind. So werden von Steeden aus auf einem reaktivierten Streckenstück der Kerkerbachbahn mehrmals pro Woche Kalkzüge in Richtung Ludwigshafen über die Lahntalbahn abgefahren (s. u.).

Wir beginnen die fotografische Reise durch das Lahntal in Erndtebrück und begleiten die Nebenbahn, die in diesem Buch als »Obere Lahntalbahn« bezeichnet wird, bis in den Raum Cölbe/Marburg. Im zweiten Kapitel wird das im Lahntal liegende Streckenstück der Main-Weser-Bahn mit den Bahnhöfen von Marburg und Gießen und der ebenfalls elektrifizierte Abschnitt Gießen–Wetzlar der Hauptstrecke nach Siegen dokumentiert. Das dritte, etwas umfangreichere Kapitel zeigt die landschaftlich schönsten Streckenabschnitte der Lahntalbahn zwischen Wetzlar und der Rheinmündung, die hier zur Unterscheidung von der Strecke Erndtebrück–Cölbe als »Untere Lahntalbahn« bezeichnet wird.

Die Bilder in diesem Buch stammen ausschließlich aus dem Archiv des Autors und entstanden bei zahlreichen mit Fahrrad und Zug – selten auch mal mit dem Auto – durchgeführten Fotoexkursionen in den Jahren zwischen 1985 und 2024. Vorlagen sind bis 2007 analoge Kleinbild- und Mittelformatdias, seit 2007 ausschließlich digitale Bilder im Vollformat. Ergänzt wird die fotografische Dokumentation der Strecke durch die satirische Aufarbeitung eines amüsanten Ereignisses, das der Autor anlässlich einer Exkursion auf dem Bahnhof von Balduinstein erleben durfte.

Viel Freude bei der Lektüre wünscht Ihnen
Christoph Riedel

212 162-2

Kapitel 1

Von **Erndtebrück** nach **Cölbe**

Die Eisenbahn erreicht das Lahntal erst bei Feudingen, betrieblicher Anfangspunkt der Oberen Lahntalbahn ist aber Erndtebrück. Am 20. August 1987 läuft hier ein Nahverkehrszug aus Bad Berleburg ein, während der Schienenbus auf einen Einsatz auf der Oberen Lahntalbahn wartet.

Während die DB 1987 beim »Alibizug« zwischen Erndtebrück und Laasphe auf den Schienenbus setzte, waren zwischen Siegen und Bad Berleburg Dieselloks mit den klassischen »Silberlingen« eingesetzt. (Erndtebrück, 20. August 1987)

Ihren Ausgang nimmt die heutige Regionalbahnstrecke 94 von Erndtebrück nach Cölbe (–Marburg) in dem im Jahr 1888 eröffneten, auf 490 Meter über Meeresspiegelhöhe liegenden Trennungsbahnhof Erndtebrück in Kilometer 28,8 der Strecke Kreuztal–Cölbe. Von Erndtebrück aus wenden sich die Gleise der Oberen Lahntalbahn für knapp fünf Kilometer zunächst nach Osten, um bei der Ortschaft Leimstruth nach Süden zu schwenken. Nach Überwindung der Höhenzüge zwischen Eder- und Lahntal erreicht die Eisenbahnlinie in der Ortslage von Leimstruth das Tal der jungen Lahn, der die Strecke nun über Bad Laasphe, Wallau und Biedenkopf bis Cölbe folgt. Von hier aus geht es weiter durch das Lahntal bis Marburg, allerdings nun auf den Gleisen der Main-Weser-Bahn Kassel–Gießen. Bis Cölbe haben die Züge der Regionalbahnlinie 94 sechzig Kilometer zurückgelegt, auf der Hauptstrecke bis Marburg folgen weitere fünf Kilometer.

Erste Überlegungen zum Bau einer Eisenbahnstrecke an der oberen Lahn gab es schon in den späten vierziger Jahren des neunzehnten Jahrhunderts, als eine Hauptbahn zwischen Marburg und Köln durch das obere Lahntal und entlang der Sieg diskutiert wurde. Die spätere Realisierung der Strecke Kreuztal–Cölbe diente dann in erster Linie der regionalen Wirtschaftsförderung im Wittgensteiner Land und an der oberen Lahn. Es sollte allerdings noch mehrere Jahrzehnte dauern, bis erste Züge das Lahntal hinunterrollten. Zwischen Laasphe (heute Bad Laasphe) und Cölbe wurde der Güterverkehr am 19. März 1883 aufgenommen, zwei Wochen später verkehrten auch die ersten Personenzüge. Inzwischen waren auch die Arbeiten am anderen Streckenende weit fortgeschritten, so dass ein Jahr später der Zugbetrieb zwischen Kreuztal und Hilchenbach aufgenommen

Gut 30 Jahre später setzte die DB AG moderne Fahrzeuge der Reihe 640 ein. (Erndtebrück, 22. Mai 2009)

Kapitel 1

Bei Schameder, kurz vor Erndtebrück, verläuft die Obere Lahntalbahn parallel zur Bundesstraße 62. Am Tag der Aufnahme gab es zwischen Laasphe und Erndtebrück täglich nur ein einziges Zugpaar. (20. August 1987)

werden konnte. Nach sechs weiteren Jahren wurde die Lücke zwischen Hilchenbach und Laasphe geschlossen. Im sogenannten »Dreikaiserjahr« 1888 – auf den am 9. Januar verstorbenen Wilhelm I. folgte zunächst für 99 Tage der schwerkranke Friedrich III. und nach dessen Tod Wilhelm II. – gingen nacheinander die Abschnitte Laasphe–Feudingen (1. Juli 1888), Hilchenbach–Erndtebrück (1. Oktober 1888) und Erndtebrück–Leimstruth (20. Dezember 1888) in Betrieb. Vom 1. Oktober 1889 an konnte mit Eröffnung des etwa 8,5 Kilometer langen Reststücks zwischen Leimstruth und Feudingen die Gesamtstrecke zwischen Kreuztal und Cölbe befahren werden. In Erwartung bedeutenden Verkehrs waren die Gleisanlagen auf den Bahnhöfen großzügig bemessen worden, diese Erwartungen erfüllten sich aber erst nach Eröffnung mehrerer an die Obere Lahntalbahn anschließender Zweigstrecken. Erndtebrück wurde 1890 durch die

Blick auf den ehemaligen Bahnhof von Leimstruth, der an diesem 20. August 1987 bereits alle Gleise außer dem Streckengleis verloren hat.

628 255 der Kurhessenbahn, einer DB-Tochter, passiert auf der Fahrt nach Erndtebrück am 22. Mai 2009 den nur mit Andreaskreuzen gesicherten Bahnübergang bei Oberndorf.

Aufnahme des Zugverkehrs auf der Strecke nach Berleburg zum Abzweigbahnhof, ab 1911 waren von Wallau aus Fahrten durch das Scheldetal nach Dillenburg möglich und in Sarnau stießen ab 1890 die Gleise der Strecke von Frankenberg auf die Lahntalbahn. Die Anzahl der Personenzugpaare verdoppelte sich so zwischen dem Eröffnungsjahr und dem Beginn des Ersten Weltkriegs von vier auf acht. Weiteren Verkehrszuwachs hätte die Obere Lahntalbahn wohl erfahren, wenn zu Beginn des zwanzigsten Jahrhunderts ein weiteres die Lahntalbahn berührendes Eisenbahnprojekt realisiert worden wäre. Als »Hinterlandquerbahn« sollte es von Wetzlar aus über Weidenhausen, wo die Strecke Herborn–Niederwalgern gequert worden wäre, und Holzhausen nach Friedensdorf an der Oberen Lahntalbahn gehen. Von Biedenkopf aus war die Fortführung über Dexbach nach Battenberg an der Edertalstrecke vorgesehen. Wie bei so vielen Bahnprojekten verhinderte der Ausbruch des Ersten Weltkriegs die Ausführung dieses Vorhabens.

Nördlich von Feudingen verlässt die Strecke nach Erndtebrück das Lahntal. Bei Rüppershausen verläuft die Strecke oberhalb des Amtshauser Baches. (22. Mai 2009)

Zugverkehr

Auch wegen der im oberen Lahntal reichlich vorhandenen Betriebe der Eisenindustrie sowie zahlreicher Steinbrüche entwickelte sich neben dem Personenverkehr auch der Güterverkehr zufriedenstellend. Einbrüche im Verkehrsaufkommen waren allerdings vorübergehend in der Zeit der Weltwirtschaftskrise zu Beginn der dreißiger Jahre zu verzeichnen. Auch im Winterfahrplan 1939 war das Angebot an durchgehenden Zügen überschaubar. Werktags verkehrten im ersten Kriegswinter vier durchgehende Züge zwischen Marburg und Erndtebrück, von denen drei bis Kreuztal liefen. In der Gegenrichtung gab es einen durchgehenden Personenzug mehr. Hinzu kamen mehrere Zugfahrten auf Teilstrecken ab Laasphe und natürlich noch einige Züge, die von Biedenkopf bis Wallau auf der Lahntalbahn fuhren und dann über die Scheldestrecke nach Dillenburg gelangten. Zwischen Sarnau und Marburg wurde das Zugangebot ergänzt durch die aus Richtung Korbach kommenden Personenzüge.

Im Zweiten Weltkrieg blieb auch die Obere Lahntalbahn nicht von Bombenangriffen verschont. Besonders der Bahnhof von Sarnau war im Frühjahr 1945 Ziel alliierter Bomber, die den Verkehr von einer Munitionsfabrik in Stadtallendorf nach Westen durch das Lahntal unterbinden sollten. Nach Instandsetzung der Strecke fuhren zunächst weniger Züge als in der Vorkriegszeit, die allerdings – anders als heute – oft von Marburg bis Siegen oder Kreuztal durchgebunden waren.

Im ersten Jahrzehnt der jungen Bundesrepublik stieg das Verkehrsaufkommen sowohl im Personen- als auch im Güterverkehr mit wachsender Belebung der Wirtschaft an, bevor der zunehmende Individualverkehr auch auf dieser Strecke zu Nachfrageeinbrüchen führte. Der Ersatz von lokbespannten Zügen durch Schienenbusse ab 1957 und die Eröffnung dreier neuer Haltepunkte in Amtshausen (bis 1964), Bermershausen (bis 1964)

Erster Haltepunkt im Tal der Lahn ist Feudingen, den 628 225 auf der Fahrt nach Marburg am 22. Mai 2009 soeben verlassen hat. Damals stehen noch Telegrafenstangen entlang der Bahnstrecke.

Inzwischen ist die Obere Lahntalbahn fest in der Hand von Triebwagen der Reihe 642 (Feudingen, 9. August 2022)

Bei Bermershausen ist die hier noch junge Lahn neben der Bahnstrecke kaum auszumachen.
(9. August 2022)

Wegen der zahlreichen nur mit Andreaskreuzen gesicherten Bahnübergänge ist die Streckengeschwindigkeit an diesen Stellen auf 30 km/h begrenzt. Allein auf der im Bild sichtbaren Strecke passiert die Regionalbahn nach Erndtebrück zwei dieser »Langsamfahrstellen«.
(Saßmannshausen, 9. August 2022)

Als 212 014 am 2. April 1991 den Bahnhof von Bad Laasphe erreicht, gibt es dort noch Formsignale, von denen eins allerdings bereits außer Betrieb ist. Heute weist der Bahnhof noch zwei Durchgangs- und ein Stumpfgleis auf.

und Eckelshausen (bis 1979) sollten die Konkurrenzfähigkeit der Schiene verbessern. Hinzu kam das Angebot überregionaler oder beschleunigter Züge. Vom Sommerfahrplan 1957 an verkehrte zwischen Marburg und Köln das Eilzugpaar E 781/782 durch das obere Lahntal und ein weiteres Eilzugpaar lief als E 4763/4766 zwischen Siegen und Marburg. Als E 1960/1961 gab es dieses Eilzugpaar auch noch 16 Jahre später im Sommer 1973. Daneben befuhr ein weiteres Eilzugpaar E 1564/1565 die gesamte Strecke zwischen Marburg und Erndtebrück auf seinem Weg zwischen Frankfurt Hbf und Köln Hbf. Von diesen durchgehenden Zügen abgesehen, gab es keine zwischen Siegen und Marburg umsteigefrei nutzbare Zugverbindungen. Die Siegener Züge verkehrten in Richtung Berleburg, während die durchs Lahntal rollenden Personenzüge erst ab Erndtebrück eingesetzt wurden. Die Zahl der zwischen Erndtebrück und Marburg eingesetzten Züge lag in diesem Jahr einschließlich der erwähnten Eilzüge bei sechs Personenzügen in Richtung Marburg und sogar acht in der Gegenrichtung. Hinzu kamen weitere Zugangebote auf Teilstrecken. Auffällig ist, dass bereits in diesem Jahr die Anzahl der Bussymbole in der Fahrplantabelle recht hoch war.

Anfang des neuen Jahrtausends hatten die damals modernen 628er längst die Schienenbusse im oberen Lahntal abgelöst. (Saßmannshausen, 4. August 2003)

Kapitel 1

Am Haltepunkt Niederlaasphe ist in den Mittagsstunden des 9. August 2022 ein Doppeltriebwagen der Kurhessenbahn aus Marburg eingetroffen. Den Fahrgästen steht hier ein schlichtes Wartehäuschen im Stil einer Bushaltestelle zur Verfügung.

212 107 ist am 2. April 1991 mit einem Nahverkehrszug bei Niederlaasphe auf dem Weg in Richtung Marburg. Der nächste Halt wird im hessischen Wallau eingelegt.

Am selben Tag ist eine Gießener Steilstrecken-213 (im Hintergrund) gemeinsam mit 211 173 in Wallau mit Rangierarbeiten beschäftigt.

Am 30. Juli 1985 läuft eine Schienenbuseinheit aus Richtung Laasphe in den Bahnhof von Wallau ein. Das Gleis links gehört zur ehemaligen Strecke Wallau–Dillenburg.

Kurz hinter Wallau überquert eine neue Straßenbrücke sowohl die Bundesstraße 62 als auch die Bahnstrecke Cölbe–Erndtebrück. Das Triebwagenpärchen der Kurhessenbahn ist am 9. August 2022 auf dem Weg nach Erndtebrück.

Am 28. Juli 1992 war im oberen Lahntal vor dem Nahverkehrszug nach Marburg noch eine »altrote« V 100 eingesetzt (bei Wallau).

Ende der 1970er Jahre wurde schließlich das Zugangebot auf der Oberen Lahntalbahn stark reduziert. Der Kölner Eilzug verkehrte nun nur noch bis Laasphe und zwischen Marburg und Siegen wurde nur noch ein Nahverkehrszugpaar angeboten. Diese durchgehenden Züge entfielen ab 1981 gänzlich; weitere Züge auf Teilstrecken, besonders in den Tagesrandlagen, wurden ebenfalls gestrichen. Der einzige werktags durchgehend angebotene Schienenbus von Marburg sowie drei weitere Zugpaare von Laasphe endeten in Erndtebrück. Ab 1983 wurde das Zugangebot weiter reduziert, Eilzüge gab es nun auf der Strecke überhaupt nicht mehr und am Wochenende herrschte Betriebsruhe. Ein Blick in die Fahrplantabelle des Jahres 1985 schien bereits das Aus für den Streckenteil Erndtebrück–Laasphe anzukündigen. Ein einziges Zugpaar verkehrte montags bis freitags in den Morgenstunden zwischen diesen beiden Stationen. Zwischen Laasphe und Marburg war der Schienenpersonenverkehr in diesem Jahr zumindest unter der Woche reger, samstags verkehrte lediglich ein Zugpaar und am Sonntag waren Fahrgäste vollständig auf den Busverkehr angewiesen. Immerhin wurde einer der aus Marburg kommenden Züge als Eilzug (E 5770) bis Bad Laasphe geführt, ein Pendant in der Gegenrichtung sucht man allerdings vergeblich. Auch auf der benachbarten Scheldetalbahn, deren Züge zwischen Biedenkopf und Wallau ebenfalls durchs Lahntal rollten, konnte von einem akzeptablen Zugangebot in diesem Jahr nicht mehr die Rede sein. Unter der Woche gab es ganze zwei Zugpaare, die nicht einmal alle bis Dillenburg durchgebunden waren. Eine weitere Rationalisierungsmaßnahme war die Herabstufung der Bahnhöfe in Wilhelmshütte, Caldern, Sterzhausen und Ludwigshütte zu Haltepunkten. Dass das einzige unter der Woche verkehrende Schienenbuspaar zwischen Laasphe und Erndtebrück nicht gestrichen wurde, war dem umfangreichen Schülerverkehr zu verdanken ebenso wie dem Bau des Haltepunktes Biedenkopf-Schulzentrum, der seit dem 1. September 2003 angefahren wird. Zu Beginn der neunziger Jahre

Oberhalb der Stadt thront das Landgrafenschloss Biedenkopf. Unterhalb der herrschaftlichen Anlage hat am 2. April 1991 ein Schienenbus auf der Fahrt nach Laasphe den Bahnhof Biedenkopf hinter sich gelassen und wird in Kürze Wallau erreichen.

In der Gegenrichtung fällt der Blick auf die Stelle, wo später der Haltepunkt »Biedenkopf Wissens- und Wirtschaftscampus« entstehen sollte.

Heute befindet sich dort nicht nur der Bahnsteig des neuen Haltepunkts, auch die Vegetation hat sich in 30 Jahren stark ausgebreitet. (Biedenkopf, 9. August 2022)

Auch Güterverkehr fand damals im oberen Lahntal noch in nennenswertem Umfang statt. (Biedenkopf, 30. Juli 1985)

Erinnerungen an die alte Bundesbahn werden bei diesem Schnappschuss aus dem Bahnhof Biedenkopf wach. Am 30. Juli 1985 wird die Strecke nicht nur von Schienenbussen bedient, auch die alte Signaltechnik ist auf den meisten Bahnhöfen noch vorhanden.

Bei Biedenkopf ist am 30. Juli 1985 ein Schienenbuspärchen im Lahntal unterwegs. Ganz klassisch begleiten hier noch Telegrafenleitungen die Bahnlinie.

Fünf Jahre später gibt es zwar immer noch Telegrafenstangen, mit dem 628 ist aber bereits ein Vertreter der modernen Bahn im Einsatz. (Friedensdorf, 27. September 2000)

beschränkte sich der Personenverkehr weiterhin fast ausschließlich auf den Streckenteil zwischen Laasphe (seit 1984 Bad Laasphe) und Marburg, die Strecke in Richtung Erndtebrück wurde nur durch das bereits erwähnte einzige Zugpaar bedient. Erst Mitte der neunziger Jahre wurden wieder mehr Züge angeboten, auch wurde das Zugangebot auf die Tagesrandlagen ausgedehnt. Gleichzeitig wurde aber auf mehreren Bahnhöfen die Anzahl der Gleise reduziert, ein erstes Indiz für den Niedergang des Güterverkehrs im Vorfeld des Konzepts Mora C. Diese Abkürzung stand für »Marktorientiertes Angebot Cargo«, ein Sanierungsprogramm für die Güterverkehrssparte der Deutschen Bahn AG der Jahre 2002 bis 2004. Die Umsetzung von MORA C lief im Wesentlichen darauf hinaus, alle Gleisanschlüsse zu kündigen, deren Unterhaltskosten höher waren als die generierten Einnahmen.

Heute kann das Zugangebot der hier agierenden Kurhessenbahn zumindest für den Streckenabschnitt Bad Laasphe–Marburg mit 17 Zugpaaren von Montag bis Freitag im Stundentakt als gut bezeichnet

Am selben Tag hat ein Fahrzeug der Baureihe 628 von Marburg kommend den Bahnhof Friedensdorf erreicht. (Friedensdorf, 27. September 2000)

In dieser Zeit sind neben den 628ern auch Gießener 216 im oberen Lahntal beschäftigt. Am 2. April 1991 ist es 216 139, die ihren Nahverkehrszug aus einem »Silberling« und einem ehemaligen D-Zug-Wagen in Richtung Marburg zieht. (Carlshütte)

werden, allerdings verkehrt der letzte Zug ab Bad Laasphe bereits um 20.37 Uhr, in der Gegenrichtung wird der Ort erst um 23.18 Uhr erreicht. Das auch früher schon weniger gut bediente Streckenstück zwischen Bad Laasphe und Erndtebrück wird nur alle zwei Stunden befahren. An Wochenenden ist das Angebot geringfügig ausgedünnt.

Der Güterverkehr auf der oberen Lahntalbahn hat im Gegensatz zum Personenverkehr einen beispiellosen Niedergang erfahren. Im Verlauf der Strecke Erndtebrück–Cölbe existieren keinerlei genutzte Anschluss- und Verladegleise mehr. Auf dem Gelände des ehemaligen Bahnhofs Ludwigshütte gibt es allerdings auf der westlichen Seite die Möglichkeit, eine Ladestraße anzulegen. Die Flächen der nicht mehr betriebenen Gleisanschlüsse in Biedenkopf und Wilhelmshütte sollen weiter vorgehalten werden, um verschiedenen dort ansässigen Firmen die Möglichkeit der Bahnverladung offen zu halten. Die Gründe für den Niedergang des Güterverkehrs liegen in der Erschöpfung bergbaulicher Rohstoffe, der Schließung von Hüttenwerken, der zunehmenden Verlagerung von Güterverkehren auf die Straße und dem oben genannten Konzept Mora C. Die meisten Gütertarifpunkte waren allerdings schon kurz vor der Neuordnung der DB AG aufgegeben worden.

Kurz vor dem Bahnhof Caldern, der sich etwas ungünstig mehr als einen Kilometer vom Ortskern entfernt befindet, passiert am 28. Juli 1992 ein Nahverkehrszug, gebildet aus einer Lok der Reihe 212 und zwei »Silberlingen« einen Bahnübergang in der hier recht breiten Talaue der Lahn.

Kapitel 1

Leider hatten um die Jahrtausendwende die Graffiti-Schmierereien an Eisenbahnfahrzeugen schon stark zugenommen, so dass der Triebwagen am 8. Januar 2000 bei Caldern als besudeltes »Kunstwerk« eines unbekannten Schmierfinken in Richtung Laasphe fahren muss.

Kyrill und die Folgen

Als 2007 der Orkan »Kyrill« große Waldflächen auch in Mittelhessen zerstörte, traf es sich deshalb gut, dass ein Reststück der am 30. Mai 1987 im Personenverkehr stillgelegten und in den nächsten sechs Jahren weitgehend abgebauten Scheldetalstrecke bestehen geblieben war. So konnte auf dem 2,4 Kilometer langen Reststück zwischen Wallau und Breidenstein das Schadholz auf der Schiene abgefahren werden. Bei dem Verladepunkt Breidenstein, der von der Stadt Biedenkopf in Betrieb genommen wurde, handelt es sich um die einzige verbliebene Verladestelle im westlichen Teil des Landkreises Marburg. Für eine Erweiterung der Verladekapazität hat die Stadt Biedenkopf noch im Jahr 2007 erhebliche finanzielle Mittel aufwenden müssen. In den beiden folgenden Jahren verließen im Schnitt 3,5 Ganzzüge pro Woche die Ladestelle Breidenstein. Allein 2008 konnten dadurch fast 10.000 LKW-Fahrten vermieden werden. In den folgenden Jahren nahm das Transportvolumen allerdings rapide ab, weil das restliche Schadholz an Sägewerke in der Nähe verkauft worden war. Um den Ladepunkt erhalten zu können, wurde 2019 ein Gutachten in Auftrag gegeben, das die Möglichkeit eines regionalen »Railports« untersuchen sollte. Mehrere Firmen haben bereits Interesse an einer Verlagerung ihrer Transporte auf die Schiene angedeutet. Bevor die Maßnahme umgesetzt wird, soll aber zunächst eine vertiefende Machbarkeitsstudie in Auftrag gegeben werden.

Auch der rote 628 ist am 8. Januar 2000 in der Nähe dieser Fotostelle im Lahntal unterwegs.

Vom ehemaligen Bahnhof Caldern sind am 28. Juli 1992 nur noch ein heruntergekommenes Gebäude und eine Bahnsteigkante übriggeblieben. 212 105 ist mit ihrem Zweiwagenzug auf dem Weg in Richtung Laasphe.

Auch dieses Vorhaben gehört zu einem Gesamtkonzept mit dem Ziel, den Schienenverkehr auf der Oberen Lahntalbahn durch Ausbau der Strecke in der Zukunft attraktiver zu gestalten. Im Zuge der Maßnahme sollen ab etwa 2030 Züge im Stundentakt zwischen Siegen und Marburg rollen. Um den Fahrgästen in Richtung Bad Berleburg das Umsteigen zu ersparen, ist an ein Flügelzugkonzept mit Zugteilung in Erndtebrück gedacht. Die weiteren ins Auge gefassten Maßnahmen betreffen die Ausrüstung der Strecke mit digitalem Zugfunk, die Beseitigung ungesicherter Bahnübergänge und den Bau eines Kreuzungsbahnhofs, ohne den ein Stundentakt zwischen Erndtebrück und Bad Laasphe nicht möglich ist. Dieser Kreuzungsbahnhof sollte zunächst in Saßmannshausen gebaut werden, wird aber wohl im Bereich der Streckenkilometer 48,7 bis 49,2 liegen.

Im Güterverkehr beschränkt sich das Potenzial auf den Raum Biedenkopf, von dem aus die schon insbesondere für Holztransporte genutzte Ladestelle in Breidenbach an der ehemaligen Scheldetalbahn angefahren werden kann. Im Verlauf der übrigen Strecke gibt es aktuell keine bedienten Anschluss- und Ladegleise mehr. Die noch vorhandenen in Biedenkopf und Wilhelmshütte sollen gesichert werden ebenso wie die dort noch nicht überbauten oder verkauften ehemaligen Gleisflächen. Im früheren Bahnhof Ludwigshütte gibt es auf der Westseite die Möglichkeit, eine weitere Ladestraße anzulegen. Es bleibt abzuwarten, in welchem Umfang diese Pläne in Zukunft umgesetzt werden können. Wie bereits erwähnt, gibt es im nordrhein-westfälischen Teil der Strecke oberhalb von Bad Laasphe keine Begegnungsmöglichkeit mehr, in Richtung Marburg besitzen heute noch die Bahnhöfe in Bad Laasphe, Biedenkopf, Friedensdorf und Buchenau ein Ausweichgleis, darüber hinaus gibt es in Bad Laasphe und Biedenkopf noch ein Stumpfgleis. Der Bahnhof Sarnau, wo die Strecke von Korbach in die obere Lahntalbahn mündet, verfügt über drei Bahnhofsgleise, an denen aber keine Züge mehr halten, seitdem am 3. Juli 2010 ein ortsnäherer Haltepunkt an der Lahnstrecke eröffnet wurde.

Der Triebfahrzeugeinsatz auf der Oberen Lahntalbahn war in den ersten Jahrzehnten nach der Eröffnung geprägt durch die preußischen Baureihen T 3, G 3, G 5² und T 9¹. Bis zum Zweiten Weltkrieg folgten wegen der gestiegenen Zuglasten die stärkeren Gattungen G 8¹, T 16¹ und T 14¹. In der Nachkriegszeit kamen Marburger Lokomotiven der Einheitslokbaureihen 50 und 86 hinzu, die ab 1961/62 durch Siegener und Marburger V 100 abgelöst wurden. Bereits 1952 gab es ebenfalls vom Marburger Bahnbetriebswerk aus erste Schienenbuseinsätze mit dem VT 95, wenige Jahre später gefolgt von der leistungsstärkeren Baureihe VT 98 und der Stangendiesellok V 65. Die Folge der stetigen Umstellung der Traktionsarten war die Schließung des Bahnbetriebswerks Erndtebrück als selbstständige Dienststelle im Jahr 1963. Trotzdem kamen bis 1972 immer wieder Dampflokomotiven über die Scheldetalbahn auch ins obere Lahntal. Bis 1987 konnten nach Auflösung des Marburger Betriebswerks 1983 auch Gießener 216 und die für den Betrieb auf Steilstrecken ausgerüstete Baureihe 213 vor Güterzügen beobachtet werden. Die Schienenbusverkehre endeten bis auf ein Zugpaar im Jahr 1988, Züge wurden nun bis 1995 ausschließlich mit den Baureihen 211 und 212 gefördert, die bis 2002 im Einsatz standen. Bereits sieben Jahre zuvor kamen erstmals die damals modernen Triebwagen der Reihe 628 zwischen Erndtebrück und Marburg zum Einsatz, die wiederum 2018 durch die neuere Reihe 642 abgelöst wurden. Diese Baureihe läuft auch auf der in Sarnau von der Oberen Lahntalbahn abzweigenden Strecke in Richtung Frankenberg (–Korbach).

Bei Sarnau zeigt das Hauptsignal für 212 105 am 28. Juli 1992 Hp1, es darf also mit der höchsten zulässigen Geschwindigkeit gefahren werden.

Unmittelbar vor dem Zusammenfluss von Ohm und Lahn ist am 1. April 2001 eine Lok der Reihe 111 mit einem Regionalexpress auf dem Weg nach Marburg.

Von **Cölbe** über **Marburg** und **Gießen** nach **Wetzlar**

Kapitel 2

Ein als Wendezug gefahrener Interregio läuft am 7. Januar 1999 in Marburg ein. Am Nachbargleis wartet eine »Bügelfalten«-110 auf Ausfahrt in Richtung Gießen/Frankfurt.

Der Streckenteil der Lahntalbahn zwischen Cölbe und Wetzlar gehört bis Gießen zur sogenannten »Main-Weser-Bahn«, einer heute zweigleisigen Hauptbahn, die in der Mitte des neunzehnten Jahrhunderts vom Kurfürstentum Hessen (Landgrafschaft Hessen-Kassel, seit 1803 Kurfürstentum) in den Rhein-Main-Raum führen sollte. Ursprünglich war eine Streckenführung über Fulda geplant, der aber mit dem »Landrücken« bei Schlüchtern ein damals noch nicht zu überwindendes topographisches Hindernis im Weg stand. Die Strecke über Fulda wurde erst später unter Einbeziehung einer Spitzkehre bei Elm realisiert, die nach dem Ersten Weltkrieg durch die Eröffnung des knapp vier Kilometer langen »Distelrasen-Tunnels« umgangen werden konnte. So wurde eine Streckenführung geplant, die mehrmals die in Zeiten des Deutschen Bundes zahlreich vorhandenen Landesgrenzen überschritt. Aus diesem Grunde wurde die Strecke als gemeinsame Staatsbahn des Kurfürstentums Hessen, des Großherzogtums Hessen und der freien Stadt Frankfurt geplant.

628 453 steht am selben Tag bereit zur Abfahrt über Cölbe und Sarnau in Richtung Frankenberg.

111 102 verlässt am 25. September 2004 den Marburger Hauptbahnhof auf der Fahrt in Richtung Gießen.

Auch 143 019, die hier mit ihrer Regionalbahn im Hauptbahnhof Marburg wartet, wird in Richtung Gießen ausfahren. (24. August 2004)

Die 1846 begonnenen Bauarbeiten ermöglichten bereits drei Jahre später die Eröffnung eines ersten, 33,8 Kilometer langen Streckenabschnitts zwischen Kassel und Wabern. Der auch von der Frankfurter Seite her in Angriff genommene Streckenbau an der zunächst eingleisigen Bahn konnte am 15. Mai 1852 beendet werden, als die 9,4 Kilometer lange Lücke zwischen Gießen und Langgöns geschlossen wurde. Jahre nach der Eröffnung wurde der Streckenteil zwischen Treysa und Lollar Teil der nach dem Deutsch-Französischen Krieg 1870/71 konzipierten »Kanonenbahn« von Berlin ins lothringische Metz (mehr dazu in Kapitel 3).

Zahlreiche Güterzüge passieren täglich den Marburger Bahnhof. Am 24. August 2004 ist es 140 619, die auf der Main-Weser-Bahn einen Militärzug in Richtung Frankfurt befördert.

Nach dem preußisch-österreichischen Krieg 1866, in dem Kurhessen und Frankfurt für die österreichische Seite optiert hatten und nach Kriegsende von Preußen annektiert wurden, übernahm der Sieger deren Anteile an der Bahn und im Jahr 1880 auch die Anteile des Großherzogtums Hessen; die gesamte Strecke gehörte nun zu den Preußischen Staatseisenbahnen.

111 194 hat mit dem Regionalexpress Kassel–Frankfurt am 23. Juli 2008 den Bahnhof der Universitätsstadt Marburg verlassen und wird eine Viertelstunde später in Gießen eintreffen.

Bedeutende Bahnbetriebswerke im hier beschriebenen Abschnitt der Main-Weser-Bahn zwischen Cölbe und Gießen gab es in Marburg und Gießen, wobei das Bahnbetriebswerk Marburg neben der Zugförderung auf der Main-Weser-Bahn (z. B. in den fünfziger Jahren mit der Baureihe 41) für die Obere Lahntalbahn, die Lumdatalbahn Lollar–Wetzlar und weitere Zweigstrecken m Raum Marburg zuständig war. Nach dem Verlust der Eigenständigkeit 1983 wurde die Dienststelle im Jahr 1989 aufgelöst.

Bedeutender und mit zwei Ringlokschuppen und 950 Mitarbeitern (1986) auch größer war das Bahnbetriebswerk Gießen nördlich des Gleisdreiecks aus Main-Weser-Bahn, Dillstrecke und einer

Vor gut 20 Jahren wurden die Regionalbahnen auf der Main-Weser-Bahn meist von Lokomotiven der damals schon über 40 Jahre alten Reihe 141 gezogen. (Marburg 16. April 2003)

Verbindungskurve der Dillstrecke zur Main-Weser-Bahn. In der Dampflokzeit waren in Gießen alle möglichen Gattungen preußischer Dampflokomotiven beheimatet, überwiegend Personenzug- und Güterzugmaschinen, die auch auf der Main-Weser-Bahn liefen. Erst in den dreißiger Jahren kamen Schnellzuglokomotiven der Baureihe 03 hinzu, die dann »aus der Mitte« die zwischen Frankfurt und Kassel laufenden Züge bespannten. Diese Loks wurden später durch die Reihe 39, die ehemalige preußische Gattung P 10, ersetzt.

In der Bundesbahnzeit folgte für den Schnellzugdienst noch die Baureihe 01, unterstützt durch die beiden DB-Neubaudampfloktypen der Reihen 23 und 66. Die beiden leistungsstarken Tenderloks

Am 19. Mai 2002 verlässt 141 266 als Schublok den Haltepunkt Niederweimar bei Marburg.

66 001 und 002 beförderten im Jahr 1961 beispielsweise die D-Züge D 81/82 und D 234/235. Nach der Elektrifizierung von Main-Weser-Bahn (1967) und Dillstrecke (1965) neigte sich die Dampflokära in Gießen allmählich dem Ende entgegen. Ab 1968 waren in Gießen nur noch dieselbetriebene Triebfahrzeuge beheimatet, die vor allem für die nicht elektrifizierten Strecken im Raum Gießen von Bedeutung waren. Im Jahr 2003 wurden alle Gießener Triebfahrzeuge nach Mainz-Bischofsheim überführt und das Bahnbetriebswerk aufgelöst.

Ebenfalls bei Niederweimar zieht am 20. Mai 2002 Einheitsellok 141 174 einen Regionalzug in Richtung Marburg.

Auf der stark nachgefragten Regionalexpresslinie nach Frankfurt werden im Mai 2002 neben der 111 193 sechs Doppelstockwagen benötigt. (Niederweimar, 20. Mai 2002)

Kapitel 2

Kein Aprilscherz: Regionalexpress Kassel–Frankfurt am 1. April 2001 im Lahntal unweit von Niederwalgern.

Kapitel 2

Zwei Lokomotiven waren sicherlich nicht nötig, um den Interregio in Richtung Frankfurt zu befördern. Da 103 147 ein genügend großes Kraftpaket ist, fährt die 101 abgebügelt mit nach Frankfurt. (bei Niederwalgern, 1. April 2001)

Zugverkehr

Um den Zugverkehr auf dem durch das Lahntal führenden Streckenteil der Main-Weser-Bahn zu beschreiben, ist es aus Gründen der Übersichtlichkeit und des Umfangs des Zugverkehrs sinnvoll, sich auf einige ausgewählte Jahre zu beschränken und auch weitgehend auf die überregionalen Züge Bezug zu nehmen. Im Winterfahrplan 1939 verkehrten zwischen Gießen und Marburg neun D- und drei Eilzugpaare. Zwei dieser Eilzugpaare liefen zwischen Frankfurt und Kassel, ein weiteres wurde über Kassel hinaus bis Hannover geführt. Die D-Züge hatten als Ausgangs- oder Zielort überwiegend Berlin, Hamburg und Frankfurt. Interessant ist, dass zwei D-Zugpaare auch das Saarland mit der Reichshauptstadt verbanden: D 91/92 von und nach Homburg/Saar und D 179/180 von und nach Neunkirchen. Der D 180 von Berlin Potsdamer Bahnhof nach Neunkirchen sollte am 22. Dezember 1939 allerdings die Main-Weser-Bahn nicht erreichen. Er prallte kurz nach Mitternacht im Bahnhof Genthin auf den vorausfahrenden D 10, der in Richtung Köln Hbf mit Verspätung unterwegs war. Es war eines der schwersten Eisenbahnunglücke der deutschen Eisenbahngeschichte, bei dem nach offiziellen Angaben 186 Menschen starben und 106 verletzt wurden.

Knapp zehn Jahre nach Gründung der Deutschen Bundesbahn spiegelte sich das beginnende »Wirtschaftswunder« auch im Zugangebot auf der Main-Weser-Bahn wider. Drei Zugpaare des neuen F-Zugsystems weisen die Fahrplantabellen im Winter 1958/59 aus: F 41/42 »Senator« Hamburg-Altona–Frankfurt, F 43/44 »Roland« Bremen–Basel und F 49/50 «Komet« Hamburg-Altona–Zürich. Für die Region um Marburg und Gießen war dieses Angebot allerdings

Bei herrlichem Frühlingswetter strebt eine Lok der Reihe 141 mit ihrer Regionalbahn nach Gießen bei Niederwalgern dem nächsten Halt in Fronhausen zu. (1. April 2001)

In der Gegenrichtung ist ebenfalls in der Nähe von Niederwalgern am selben Tag ein Triebwagen der Reihe 628 auf dem Weg nach Marburg.

Oben links: Fronhausen liegt zwischen Niederwalgern und Lollar, heute trotz des stattlichen Bahnhofsgebäudes nur noch ein Haltepunkt an der Main-Weser-Bahn. (19. Mai 2002)

Oben rechts: Nächster großer Bahnhof auf der Main-Weser-Bahn südlich von Marburg ist Gießen. Blick von der Brücke der Klinikstraße auf die ausgedehnten Bahnanlagen und den mit 112 109 in Richtung Frankfurt ausfahrenden Interregio. (26. März 2000)

Unten links: Von einem Stumpfgleis des Gießener Hauptbahnhofs aus beginnen die Regionalexpresszüge durch das untere Lahntal nach Koblenz ihre Reise. (15. September 2001)

weitgehend bedeutungslos, weil lediglich das Zugpaar F 43/44 hier einen Halt in Gießen einlegte. Wer mit einem Schnellzug von Marburg oder Gießen aus verreisen wollte, musste das mit immerhin zehn Zugpaaren umfangreiche D-Zug-Angebot nutzen. Auch hier wurden Direktverbindungen ins Ausland angeboten: D 73/74 Hamburg-Altona–Basel, D 183/184 Wilhelmshaven–Zürich und D 475/476

140 225 eilt am 26. März 2000 mit einem Containerzug durch den Gießener Hauptbahnhof.

Zwischen Gießen und Wetzlar nutzt der RE 25 Gießen–Koblenz die elektrifizierte Hauptstrecke, die als »Dillstrecke« Richtung Siegen führt. (Dorlar, 3. August 2022)

Hamburg-Altona–Genf. Für kurze Zeit lief darüber hinaus noch ein internationaler Schnellzug (D 511 Basel–Kopenhagen) über die Main-Weser-Bahn. Weniger umfangreich war in diesem Jahr der Eilzugverkehr. Die meisten verkehrten ausschließlich auf der Main-Weser-Bahn, zwei Zugpaare nahmen aber einen abweichenden Weg. E 451/452 kam von Frankfurt, verließ in Cölbe aber die Main-Weser-Bahn und fuhr über Sarnau, Frankenberg, Brilon, Paderborn und Rahden nach Bremen. Das Zugpaar E 781/782 verließ ebenfalls die zweigleisige Strecke nach Kassel in Cölbe, fuhr über die obere Lahntalbahn nach Siegen und von dort auf der Siegstrecke weiter nach Köln. Diese abseits der großen Magistralen laufenden Fernverbindungen wurden im Volksmund oft als »Heckeneilzüge« bezeichnet.

Der Triebwagen der Baureihe 442 ist am 3. August 2022 als Regionalbahn von Dillenburg aus nach Gießen unterwegs. DB Regio wurde inzwischen auf dieser Linie durch die HLB abgelöst. (Dutenhofen, 3. August 2022)

Von Cölbe über Marburg und Gießen nach Wetzlar

VT 287 der Hessischen Landesbahn verlässt am 3. August 2022 auf der Fahrt nach Limburg den zwischen Gießen und Wetzlar gelegenen Bahnhof Dutenhofen.

Ein Vierteljahrhundert nach Gründung der DB war die Anzahl der D-Zug-Paare um eins reduziert worden, zahlreiche D-Zug-Verbindungen ohne entsprechenden Gegenzug waren aber hinzugekommen. Das F-Zug-System war aufgegeben worden, dafür gab es in diesem Jahr noch sechs Zugpaare des »Intercity-Ergänzungssystems«, die unter der Bezeichnung »DC« mit Zugnamen liefen: »Siegerland« (Köln–Kassel), »Hessenland« (Kassel–Mannheim), »Werraland« (Göttingen–Köln), »Ederland« (Kassel–Frankfurt), »Taunusland« (Kassel–Stuttgart) und »Schwalmer Land« (Göttingen–Köln) gaben Hinweise auf die Laufwege der Züge. Mit D 370/371 Kopenhagen–Chur war auch ein internationaler Schnellzug im Lahntal unterwegs. Ein weiteres internationales Zugpaar lief als E 1570/1571 zwischen Westerland und Luxemburg. Neben weiteren Eilzugpaaren, deren Ausgangs- oder Zielort häufig Frankfurt war, gab es mit dem E 790 München–Kassel auch eine Langstreckenverbindung unterhalb der Kategorie D-Zug. Zwölf Jahre später, im Jahr 1985, verkehrte auf der Main-Weser-

Zwischen Gießen und Kleinlinden werden die Züge aus und in Richtung Frankfurt, die den Gießener Hauptbahnhof nicht berühren, über einen Abzweig in Richtung Wetzlar geführt. Aus diesem Grunde ist die Strecke vor dem Bahnhof Dutenhofen viergleisig: links die Gleise aus Gießen, rechts die aus Richtung Frankfurt. (3. August 2022)

Der Blick von der Brücke in die Gegenrichtung zeigt die Regionalbahn Gießen–Dillenburg auf den aus Richtung Gießen herangeführten Gleisen. (3. August 2022)

Bahn mit den IC 970/971 ein Zugpaar der höchsten Kategorie. Hinzu kamen 16 D-Züge in südlicher und elf in nördlicher Richtung neben einigen weiteren, die nicht täglich angeboten wurden. Abfahrts- und Zielorte waren verschieden, wobei auch einige kleinere Orte wie Freudenstadt oder Cuxhaven angefahren wurden. Ohne Halt im Lahntal verkehrten die beiden Schlaf- und Liegewagenzüge D 471 (Hamburg–Basel) und D 891 (Hamburg–Stuttgart). Die zahlreichen Eilzüge befuhren häufig die gesamte Strecke zwischen Frankfurt und Kassel, liefen teilweise aber auch nur auf Teilstrecken bis Gießen oder Marburg.

Aktuell wird die Main-Weser-Bahn zwischen Gießen und Cölbe von verschiedenen Regionalexpress- und Regionalbahnlinien bedient. Der RE 98 geht als Flügelzug ab Gießen aus dem RE 99 Frankfurt–Siegen hervor und ve´bindet wie der RE 30 Frankfurt mit Kassel. Die Regionalbahnlinie 41 läuft ebenfalls ab Gießen als Flügelzug der RB 40 Frankfurt–Dillenburg und endet in Treysa. Zwischen Marburg und Cölbe kommen cie RB 94 nach Erndtebrück und RB/RE 95 nach Brilon Wald über Korbach hinzu. Im Fernverkehr wird der Abschnitt Gießen–Cölbe von der ICE-Linie 26 befahren, die Hamburg und Karlsruhe verbindet.

Auf Gleis 4 des Wetzlarer Bahnhofs wartet der RE 25 nach Koblenz auf Ausfahrt. Am 3. August 2022 wird die Leistung durch 648 205 erbracht.

„Im Bahnhof Wetzlar verzweigt sich die Strecke von Gießen in die Dillstrecke (Gleise links) und die der Lahntalbahn (Gleise rechts)".

Der weiter entlang der Lahn führende kurze Streckenteil von Gießen nach Wetzlar gehört zur »Dillstrecke«, historisch ein Teil der früher überregional bedeutenden Verbindung, die von Deutz durch das Siegtal und über Haiger, Dillenburg und Wetzlar nach Gießen führt (Köln-Gießener Bahn). Die Gesamtstrecke wurde von der Cöln-Mindener Eisenbahn (CME) geplant und in den Jahren zwischen 1859 und 1862 fertiggestellt. Bis 1870 wurde die gesamte Linie zweigleisig ausgebaut. Wegen der schwierigen Topographie besitzt der Abschnitt zwischen Betzdorf und Haiger heute Nebenbahncharakter, ist nicht elektrifiziert, inzwischen eingleisig und wird nur durch Regionalbahnen bedient. Auf dem hier zu behandelnden Streckenstück zwischen Gießen und Wetzlar gab es Ende der dreißiger Jahre wenig Fernverkehr. Neben dem Zugpaar D 227/228 mit Koblenz als Ausgangs- und Zielpunkt waren das die Zugpaare D 81/82 (Frankfurt–Essen) und D 275/276 (Frankfurt–Dortmund). Alle sechs

Kapitel 2

Nach Verlassen des Bahnhofs Wetzlar wird der IC 34 nach Frankfurt die Verbindungskurve unter Umgehung des Bahnhofs von Gießen befahren. (3. August 2022)

Fernverkehrszüge fuhren den Gießener Hauptbahnhof an, die Verbindungskurve von Dillstrecke zur Main-Weser-Bahn war ohne Fernverkehr. Knapp zwanzig Jahre später wurde der Streckenteil bereits von neun D-Zügen befahren, die alle Gießen Hbf anfuhren. Die Zugpaare D 81/82 und D 83/84 verbanden Frankfurt mit dem Niederrheingebiet in Düsseldorf und Oberhausen. Die restlichen fünf D-Züge kamen von oder liefen nach Köln über die Siegstrecke. D 383/384 verband die Domstadt mit Frankfurt, während D 845, D 849 und D 850 zwischen Köln und Kassel eingesetzt waren.

1973 hatte der Fernverkehr in diesem Teil des Lahntals erheblich zugenommen. Neben zahlreichen D- und DC-Zügen, die über Gießen geführt wurden, befuhren drei D-Zug-Paare die Verbindungskurve von der Main-Weser-Bahn zur Dillstrecke unter Umgehung des Gießener Hauptbahnhofs. Darunter war mit DC 918/919 »Westfalenland« auch eins der sieben DC-Zug-Paare sowie mit D 1020/1021 ein in den Sommermonaten zwischen Mönchengladbach und Innsbruck verkehrendes internationales Schnellzugpaar. Zwei weitere D-Züge – der nur samstags verkehrende D 1325 Münster–Berchtesgaden und D 711 von Dortmund nach Frankfurt – nahmen ebenfalls diese Abkürzung. Die auf diesem Teil der Lahntalbahn laufenden Eilzüge fuhren alle den Gießener Bahnhof an.

Mitte der 1980er Jahre liefen zwischen Wetzlar und Gießen zwölf D-Züge in südlicher und 15 in nördlicher Richtung, die Abkürzung über die Verbindungskurve unter Umgehung des Gießener Bahnhofs wurde vom Zugpaar D 810/811 Dortmund–Frankfurt sowie den D 813 Dortmund–Oberstdorf und D 892 Siegen–Saarbrücken genutzt. Der Gegenzug D 812 Oberstdorf–Dortmund fuhr dagegen den Gießener Hauptbahnhof an. IC-Züge gab es damals zwischen Gießen und Wetzlar nicht.

Heute verkehren in erster Linie Regionalbahnen und Regionalexpresszüge, die auf diesem Streckenabschnitt nur in Dutenhofen halten. Während die Züge der RE-Linien 24 und 25 sowie die Regionalbahnlinie 45 (Fulda–Limburg) hinter Wetzlar weiter durch das Lahntal in Richtung Limburg oder Koblenz rollen, verbindet der RE 99 (Main-Sieg-Express) Frankfurt Hbf über Gießen und Dillenburg mit Siegen in Nordrhein-Westfalen. Dieser Zug muss also in Gießen »Kopf« machen. Die Regionalbahn 40 kommt ebenfalls von Frankfurt, endet aber kurz vor der hessischen Landesgrenze in Dillenburg. Auch diese Linie macht den Umweg über Gießen, während die neue IC 2-Linie 34 von Frankfurt nach Dortmund, Münster und Norddeich unter Umgehung des Bahnhofs Gießen die Verbindungskurve zwischen Main-Weser-Bahn und Dillstrecke nutzt. Auch Güterzüge von Nordrhein-Westfalen nach Süddeutschland, die über Ruhr-Sieg- und Dillstrecke kommen, umgehen auf diese Weise den Bahnhof Gießen, in dem ein zeitaufwändiges Kopfmachen nötig wäre.

Auf der Main-Weser-Bahn und der Dillstrecke kommen heute fast ausschließlich Triebwagenzüge zum Einsatz. Von Gießen aus Richtung Wetzlar und weiter durch das Lahntal (RE 25) setzt DB Regio die Baureihen 640, 643 und 648 ein. Die Reihen 648 und 2648 werden hier auf dem RE 24 auch von der Hessischen Landesbahn genutzt. Von Marburg aus in Richtung Erndtebrück und Korbach setzt die Kurhessenbahn auf die Baureihe 642, alle anderen Personenzugleistungen werden in diesem Teil des Lahntals durch elektrische Triebfahrzeuge erbracht, wobei die HLB auf dem RE 98/99 den »Stadler Flirt« (Baureihe 629) nutzt, während das Unternehmen, das seit Dezember 2023 für den Betrieb auf der Regionalbahnlinie RB 40/41 zuständig ist, fabrikneue Elektrotriebwagen des Typs Alstom Coradia Continental (Baureihe 1440) einsetzt. Bis dahin war für diese Regionalbahnlinie DB Regio verantwortlich, gefahren wurde mit Triebwagen der Reihe 442 (Bombardier Talent 2). Einzige Linie mit lokbespannten Zügen im regionalen Verkehr ist der Regionalexpress 30. Die Doppelstockwagen dieser Linie werden von Elektroloks der Reihen 114 oder 146 gezogen. Der IC 34 von Frankfurt nach Dortmund, Münster oder Norddeich besteht ebenfalls aus Doppelstockwagen, bespannt mit einer Elektrolok der Reihe 147.

Kapitel 3

RE 45 der HLB nach Limburg am 2. August 2022 kurz vor der Wetzlarer Lahnbrücke.

Von **Wetzlar** über **Limburg** nach **Lahnstein**

Der landschaftlich wohl reizvollste Abschnitt der Eisenbahnstrecke durch das Lahntal beginnt in Wetzlar und folgt dem Fluss in geringem Abstand bis zur Mündung in den Rhein bei Lahnstein. Wegen des stark mäandrierenden Flusslaufes waren bei der Planung der Strecke 18 Tunnel und zahlreiche Brückenbauwerke vorzusehen (siehe Tabelle).

Tunnel der Lahntalbahn zwischen Wetzlar und Niederlahnstein

Weilburger Tunnel	302 m
Kirschhofener Tunnel	495 m
Michelsberg-Tunnel	433 m
Schmidskopf-Tunnel	223 m
Grävenecker Tunnel	127 m
Villmarer Tunnel	228 m
Ennericher Tunnel	494 m

Freiendiezer Tunnel	65 m
Diezer Tunnel	107 m
Fachinger Tunnel	424 m
Kehrberg-Tunnel	262 m
Daubach-Tunnel	196 m
Cramberger Tunnel	732 m
Laurenburger Tunnel	225 m
Kalkofener Tunnel	592 m
Obernhofer Tunnel	450 m
Langenauer Tunnel	232 m
Hollericher Tunnel	319 m

Kurz vor Steindorf überquert die Strecke die Lahn (2. August 2022)

Trotzdem sind auch heute wegen der geringen Kurvenradien keine höheren Geschwindigkeiten zwischen Wetzlar und Niederlahnstein möglich. Von einer Elektrifizierung der Hauptstrecke, die vor einem halben Jahrhundert einmal ins Auge gefasst

Im Regionalbahnverkehr zwischen Gießen und Limburg setzt die HLB neben den LINT-Triebwagen auch solche des Typs GTW 6/2 der Firma Stadler ein. (Steindorf 2. August 2022)

worden war, hat man bisher Abstand genommen, weil die Kosten einer baulichen Anpassung zu niedriger Brücken und Tunnel mit zu geringem Lichtraumprofil einer solchen Modernisierung und Aufwertung der Strecke im Wege standen. Überlegungen, über

Drei Stunden später passiert 648 204 als RE 25 Gießen–Koblenz ebenfalls die Signalbrücke bei Steindorf.

2
Fulda
VT 285.1
HLBahn

Im Bahnhof Albshausen kamen auf Gleis drei früher die Züge der Solmstalbahn an. Eine Reaktivierung zwischen Brandoberndorf und Albshausen würde (Stand 2021) etwa 63 Millionen Euro kosten. (2. August 2022)

eine Insellösung mit Induktionsschiene umfangreiche bauliche Veränderungen an der Strecke vermeiden zu können, scheiterten vor knapp 20 Jahren ebenfalls aus ökonomischen Gründen. Einzig der kurze Streckenabschnitt zwischen Eschhofen und Limburg, wo die Main-Lahn-Bahn von Frankfurt über Niedernhausen nach Limburg auf die Lahntalbahn trifft, kann mit elektrischen Triebfahrzeugen befahren werden, seitdem der Streckenabschnitt Niedernhausen–Limburg Mitte der achtziger Jahre mit Fahrdraht ausgerüstet wurde. So ist heute die untere Lahntalbahn eine von wenigen bedeutenden Hauptbahnen, die auch in Zukunft vermutlich nicht auf elektrischen Betrieb umgestellt werden. Eine engere betriebliche Anbindung an die Schnellfahrstrecke Köln–Frankfurt mittels eines Turmbahnhofs zwischen Eschhofen und Limburg erfolgte ebenfalls nicht, so dass

Ausfahrt einer Regionalbahn nach Gießen aus dem Haltepunkt Solms am 23. Juli 1998.

Zwei ehemalige Reichsbahn-Loks waren am Nachmittag des 2. August 2022 sicher nicht erforderlich, um den kurzen Güterzug nach Limburg zu befördern.
(Burgsolms, 2. August 2022)

die Lahntalbahn vom Limburger Bahnhof aus lediglich über die Nebenbahn von Limburg nach Siershahn, die im Stadtgebiet von Montabaur an den neuen IC-Bahnhof Montabaur angeschlossen wurde, mit der Fernverkehrslinie Köln–Frankfurt verbunden ist. Der historische Bahnhofsstandort in Montabaur wurde aufgegeben, das alte Empfangsgebäude steht aber noch inmitten eines Neubaugebietes. Neben einer Hauptbahn stoßen oder stießen auch mehrere untergeordnete Bahnstrecken zwischen Wetzlar und Niederlahnstein auf die Lahntalbahn. Von den östlich von Limburg einmündenden Nebenbahnen wird heute keine mehr im Personenverkehr betrieben und nur auf einer findet wieder Güterverkehr statt. Vom Bahnhof Grävenwiesbach der Regionalbahnstrecke Brandoberndorf–Friedrichsdorf aus führten früher zwei Nebenbahnen ins Lahntal nach Albshausen und Weilburg.
Auf der Solmstalbahn von Grävenwiesbach nach Albshausen, deren Züge bis Wetzlar durchgebunden waren, endete der Schienenpersonenverkehr am 31. Mai 1985, wurde

Eine bunte Mischung aus ehemaligen D-Zug-Wagen und »Silberlingen« hat die Gießener 212 auf ihrer Fahrt in Richtung Heimat-Bw am 23. Juli 1998 bei Solms am Haken.

Die Ehefrau des Autors kann ganz entspannt auf Gleis 1 in Leun/Braunfels auf die Regionalbahn warten, denn der RE 25 nach Gießen passiert den früheren Bahnhof und heutigen Haltepunkt ohne Halt. (2. August 2022)

aber am 15. November 1999 bis Brandoberndorf wieder aufgenommen. Noch heute kann man an der Anordnung der Bahnsteige in Albshausen den Charakter der Station als Abzweigbahnhof erkennen. Für diese Strecke gibt es nach Ansicht des hessischen Verkehrsministeriums Reaktivierungspotenzial, eine Machbarkeitsstudie wurde bereits in Auftrag gegeben.
Auf der Weiltalbahn Grävenwiesbach–Weilburg kam das Aus bereits im Jahr 1969, hier wird es keine Renaissance

In der Gegenrichtung war am 23. Juli 1998 ein Neigetechnik-Triebwagen der Reihe 611 in Richtung Koblenz unterwegs.

des Schienenverkehrs geben, eine Vorstudie hatte eine negative Prognose ergeben. Zwischen Albshausen und Weilburg liegt Stockhausen. Hier zweigte bis 1976 die 15 Kilometer lange »Ulmbachtalbahn« nach Beilstein ab. Im Abzweigbahnhof Stockhausen sind heute weder die für den Betrieb auf dieser Strecke notwendige Bahnsteigkante noch die umfangreichen Gleisanlagen für den Güterverkehr vorhanden.

Kapitel 3

Ebenfalls in der Nähe von Leun passiert ein langer Güterzug den Fotografen. (3. Juli 2006)

Auch dieses Formsignal vor dem Bahnhof Leun/Braunfels, das am 3. Juli 2006 der Steuerwagen 928 437 passiert, wird im Laufe des Jahres 2024 durch moderne Signaltechnik ersetzt. (3. Juli 2006)

Weiter in Richtung Limburg verlief in einem Seitental von 1888 bis 1960 die meterspurige »Kerkerbachbahn« von Mengerskirchen nach Dehrn, die zwischen Kerkerbach und Dehrn ein Dreischienengleis aufwies. Das Normalspurgleis wird heute ab Steeden wieder im Güterverkehr genutzt; dazu unten mehr. Erst im Raum Limburg münden auch heute noch befahrene Eisenbahnstrecken in die Lahntalbahn. In Eschhofen erreicht die von Frankfurt über Niedernhausen herangeführte Regionalexpressstrecke das Lahntal. Zwischen Eschhofen und Limburg, wo die Frankfurter Züge enden, ist – wie bereits erwähnt – die Lahntalstrecke elektrifiziert. Kurz hinter Limburg treffen von Norden her die beiden mit Regionalbahnen bedienten Westerwaldstrecken von Altenkirchen und Siershahn auf die Lahntalbahn. Kurz hinter der Landesgrenze zu Rheinland-Pfalz liegt der Bahnhof Diez. Von diesem ehemaligen Abzweigbahnhof aus konnte man bis 1983 durch das Aartal nach Wiesbaden, bis 1986 noch bis Bad Schwalbach auf der Schiene reisen. Die Strecke steht unter Denkmalschutz und ihre Reaktivierung wird diskutiert.

Weiter flussabwärts gab es keine abzweigenden Nebenbahnen mehr. Die zuletzt nur noch von Güterzügen befahrene Verbindungskurve von der rechten Rheinstrecke bei Oberlahnstein zum Abzweig Hohenrhein an der Lahntalbahn wurde 1983 stillgelegt und zwei Jahre später abgebaut. Heute erreicht die Lahntalbahn deshalb im Bahnhof von Niederlahnstein die rechte Rheinstrecke.

Sieben Jahre zuvor ist eine Lok der Reihe 215 zwischen Gießen und Koblenz im Regionalexpressverkehr eingesetzt. (Leun, 27. Juli 1999)

Kapitel 3

Die Regionalbahn von Limburg hat soeben den Bahnhof von Stockhausen verlassen und die sich anschließende Lahnbrücke überquert. Das im Hintergrund sichtbare Einfahrsignal von Stockhausen zeigt Hp0. (1. August 2022)

HLB 125 – hier am 1. August 2022 bei Stockhausen auf dem Weg nach Limburg – ist ein Triebwagen des Typs Stadler GTW 6/2 mit zwei Steuerwagen und einer mittig angeordneten Antriebseinheit, dem sogenannten »Powerpack«.

Am Westkopf des Bahnhofs Stockhausen stehen das Ausfahrsignal in Richtung Limburg und das Ausfahrtvorsignal für die Gegenrichtung direkt nebeneinander. (1. August 2022)

Planung und Bau

Die Entstehung der unteren Lahntalbahn geht auf die Nassauische Rhein- und Lahn-Eisenbahngesellschaft zurück, die vorher bereits als »Wiesbadener Eisenbahngesellschaft« und »Nassauische Rhein-Eisenbahngesellschaft« die Bahnstrecken Frankfurt–Wiesbaden und Wiesbaden–Niederlahnstein eröffnet hatte.

Eine Konzession zum Bau der Strecke erhielt die Gesellschaft im Jahr 1857, erste Pläne eines belgischen Ingenieurs für eine solche Linie stammten aber bereits aus der Zeit um 1849, scheiterten aber an den Plänen der Nassauischen Regierung, die Lahn als Wasserstraße ausbauen zu wollen, was auch im Unterlauf geschah. Allerdings zeigte es sich schon bald, dass auch wegen der wechselnden Wasserstände nicht dauerhaft auf eine solche unsichere Verkehrsader gesetzt werden konnte. Bereits im Jahr der Konzessionierung wurden die

Der BASF-Zug nach Steeden passiert am frühen Mittag des 1. August 2022 den Bahnhof von Löhnberg. Zuglok ist eine Vossloh DE 18, Baujahr 2013, die bei den BASF als »Robert« mit der Nummer DE 24 läuft.

Variante plante. Die Fertigstellung der Reststrecke erfolgte in den Jahren ab 1860. Am 10. Januar 1863 konnte der Betrieb auf der gesamten unteren Lahntalbahn aufgenommen werden. Nach dem preußisch-österreichischen Krieg im Juli 1866 wurde das Herzogtum Nassau von Preußen annektiert und die Strecke der Verwaltung der Königlichen Eisenbahndirektion Wiesbaden unterstellt. In den Folgejahren sollte die heute allenfalls noch regionale Verkehrsbedürfnisse befriedigende Lahntalbahn

Am Nachmittag desselben Tages ist hier ein Triebwagenpärchen der HLB als Regionalbahn nach Limburg unterwegs.

Arbeiten an der Lahntalbahn aufgenommen und im Folgejahr konnte die Eröffnung des Verkehrs zwischen Oberlahnstein und Bad Ems gefeiert werden. Wegen finanzieller Schwierigkeiten entzog der Nassauische Staat im selben Jahr der Gesellschaft die Konzession zum Weiterbau und ließ die Strecke auf eigene Rechnung durch den Eisenbahningenieur Moritz Hilf weiterbauen, der die Streckenführung in weiser Voraussicht nicht in der kostengünstigsten, sondern der betrieblich sinnvollsten

Die Regionalbahn von Limburg nimmt am 1. August 2022 Fahrgäste im Bahnhof Löhnberg auf. Die Reise führt über Wetzlar, Gießen und die Vogelsbergbahn bis nach Fulda.

Zwischen zwei Personenzügen nutzt 261 057 die Fahrplanlücke, um mit einem Leerwagenzug die Ladestelle in Löhnberg zu erreichen. (21. Mai 2024)

Ausfahrt einer Regionalbahn der Linie 45 aus dem Bahnhof von Löhnberg auf dem Weg nach Limburg. (21. Mai 2024)

eine große politische und strategische Bedeutung erlangen. Die verhängnisvolle Entscheidung, nach dem deutsch-französischen Krieg 1870/71 das Elsass und die deutschsprachigen Teile Lothringens gegen den Willen der einheimischen Bevölkerung zu annektieren, legte die deutsche Außenpolitik auf Jahrzehnte fest. Frankreich ließ von Anfang an keinen Zweifel daran aufkommen, dass eine Wiedereingliederung der verlorenen Gebiete in das französische Staatsgebiet oberstes Ziel französischer Außenpolitik sein würde. Ein Scheitern der Bündnispolitik Otto von Bismarcks, die der Isolierung Frankreichs diente und eine des Deutschen Reiches verhindern sollte, hätte also mit hoher Wahrscheinlichkeit eine kriegerische Auseinandersetzung mit Frankreich heraufbeschworen. Die überragende Bedeutung der Eisenbahn für den Truppenaufmarsch hatte sich bereits in der Auseinandersetzung zwischen Preußen und Österreich 1866 deutlich gezeigt, so dass angesichts der außenpoliti-

Nach der Zustellung von Leerwagen holt 261 057 fünf beladene Güterwagen in Löhnberg ab, um sie nach Limburg zu überführen. (21. Mai 2024)

schen Situation ab 1871 schnelle Bahnverbindungen an die Westgrenze des Deutschen Reiches als dringend erforderlich angesehen wurden. In dieser außenpolitischen Situation entstand die Idee der später sogenannten »Kanonenbahn« von Berlin nach Metz. Diese ausschließlich aus strategischen Erwägungen heraus geplante, 700 Kilometer lange und heute in Teilen nicht mehr existierende Bahn konzipierte man unter Einbeziehung bereits bestehender Bahnstrecken. Die Lahntalbahn zwischen Wetzlar und Koblenz wurde damals komplett ein Teil dieser strategischen Bahn. Diesem Zweck diente auch die durchgehende Verlegung eines zweiten Streckengleises, die ebenfalls in dieser Zeit erfolgte. Am 15. Mai 1879 konnte zudem eine weitere Verknüpfung mit der rechten Rheinstrecke eingeweiht werden. An diesem Tag wurde der Zugverkehr zwischen der Blockstelle Hohenrhein und Niederlahnstein eröffnet, auf der heute alle Züge das Rheintal erreichen. Die ursprüngliche Strecke zwischen Hohenrhein und Oberlahnstein wurde 1983 aufgegeben. Nach den Zerstörungen des Zweiten Weltkriegs – am 25. März 1945 unterbrach ein verheerender Luftangriff auf die strategisch wichtige Nachschublinie den Bahnverkehr – und den Demontagen durch die französische Besatzungsmacht wurde auf drei Streckenabschnitten zwischen Fachingen und Balduinstein, Dausenau und Nassau sowie Hohenrhein und Niederlahnstein das zweite Gleis nicht mehr verlegt.

Das Vorsignal des Bahnhofs Weilburg zeigt dem Triebwagenführer der Regionalbahn aus Gießen, dass die Einfahrt in den Bahnhof noch nicht möglich ist. (31. Juli 2022)

HLBahn

Zugverkehr

Bei der Darstellung des Zugverkehrs zwischen Wetzlar und Koblenz soll wie bereits in den anderen Kapiteln auf ausgewählte Fahrplanjahre und – abgesehen vom aktuellen Betrieb – in erster Linie auf den höherwertigen Zugverkehr Bezug genommen werden. Im Winterfahrplan 1939 gab es auf der Lahntalbahn ledig-

643 541 läuft als RE 25 Gießen–Koblenz am 1. August 2022 in den Bahnhof Weilburg ein.

Am 18. Oktober 1996 wartet die Regionalbahn an Gleis 1 des Bahnhofs Weilburg auf Ausfahrt nach Gießen.

Der Bahnhof von Weilburg besaß bis 2024 drei Ausfahrsignale, die vom benachbarten Stellwerk aus bedient wurden. (28. Mai 2012)

Seit zwei Jahren waren die Neigezüge der Baureihe 611 auf der Regionalexpresslinie Koblenz–Gießen bereits im Einsatz, als am 27. Juli 1999 diese Aufnahme von der Einfahrt in den Kirschhofener Tunnel entstand.

Zehn Jahre später sind die Tage der analogen Sicherungstechnik fast gezählt. In Zukunft werden die Lichtsignale von Diez aus gesteuert. (1. August 2022)

lich zwei schnelle Zugpaare. D 227/228 verkehrten zwischen Gießen und Koblenz, das Zugpaar E 217/218 erreichte über die Moselstrecke Trier. Fünf weitere Personenzugpaare bedienten ebenfalls die gesamte Strecke, zwei weitere verkehrten nur ab Koblenz. Alle durchgehenden Züge endeten nicht in Wetzlar, sondern waren bis Gießen durchgebunden. Ergänzt wurde das Zugangebot durch eine Reihe von Personenzügen, die nur auf Teilstrecken liefen. Anfangs- und Endpunkte waren hier meist Weilburg im hessischen und Bad Ems im heute rheinland-pfälzischen Teil der Lahntalbahn.

Im ersten Jahrzehnt der Bundesbahnzeit war das Zugangebot erheblich interessanter. Neben den teils von Gießen bis Koblenz durchgehenden, teils aber nur auf Teilstrecken verkehrenden Personenzügen gab es ein großes Angebot an Eilzügen, die zum Teil auch über größere Distanzen liefen. Zwei Eilzugverbindungen sind im Jahr 1958 besonders hervorzuheben. Der ohne einen Gegenzug auf der Lahntalbahn verkehrende E 1793 von Frankfurt Hbf nach Köln Hbf lief über Grävenwiesbach und die Weiltalbahn bis Weilburg und danach durch das Lahntal bis Limburg. Über den Westerwald ging es nach

Nachdem die Regionalbahn nach Gießen den Bahnübergang vor dem Bahnhof Gräveneck passiert und am Bahnsteig angehalten hat, kann die Schranke wieder geöffnet werden. (18. Oktober 1996)

Bei Gräveneck teilen sich Lahntalbahn und Lahntalradweg das schmale Terrain neben dem Fluss teilen. (31. Juli 2022)

Au im Siegtal und von dort auf der Siegstrecke weiter bis Köln. Eine noch größere Distanz überbrückte das Eilzugpaar E 575/576 Trier–Westerland/Sylt. Über die Mosel- und Lahnstrecke liefen diese Züge nach Kassel, von dort dann über Hannover und Hamburg bis auf die nördlichste deutsche Insel. Ein weiteres Eilzugpaar, E 2412/2427, hatte ebenfalls einen heute ungewöhnlichen Laufweg: Von Frankfurt aus ging es zunächst über Niedernhausen an der Main-Lahn-Bahn nach Limburg und von dort durch das Lahntal weiter nach Koblenz. Zwei weitere Eilzugpaare verknüpften Limburg und den hessischen Teil der Lahntalbahn mit der Vogelsbergstrecke: E 3243 lief zwischen Limburg und Fulda, der Gegenzug E 3242 begann allerdings erst in Gießen. Ebenfalls zwischen Limburg und Fulda verkehrte das Zugpaar E 3241/3244, wobei der von Limburg aus eingesetzte Eilzug sogar bis Würzburg lief. Das Angebot schneller Züge wurde 1958 ergänzt durch ein weiteres Eilzugpaar Gießen–Koblenz (E847/848). D-Zug-Verkehr gab es auf der Lahntalbahn in diesem Jahr nicht.

Wegen einer starken Flusskrümmung wird der RE 25 nach Durchfahrt des Bahnhofs Gräveneck in wenigen Sekunden im 122 Meter langen Grävenecker Tunnel verschwinden. (19. April 2022)

Einfahrt der Regionalbahn Fulda–Limburg in den Bahnhof von Fürfurt am 19. April 2022. Das Formsignal wird im Jahr 2024 Geschichte sein.

Auch das Einfahrvorsignal aus Richtung Koblenz wird im Laufe des Jahres 2024 durch ein entsprechendes Lichtsignal ersetzt. Der RE 25 nach Koblenz wird am Mittag des 19. April 2022 durch den einteiligen 640 013 gebildet.

15 Jahre später war das Eilzugpaar von Westerland bis Luxemburg verlängert worden und lief nun unter den Zugnummern E 1570/1571. Dieses Angebot gab es noch bis zum 26. Mai 1979. Ein weiteres internationales Zugpaar verband im Jahr 1973 Gießen mit der französischen Hauptstadt, wobei interessant ist, dass der von Gießen aus verkehrende Zug als D-Zug (D 356) eingestuft war, sein Pendant in der Gegenrichtung aber ab Koblenz lediglich als Eilzug (E 357). Die Verlängerung des Laufweges über Koblenz hinaus bis Gießen galt von 1972 bis 1976. Auch 1973 war die Lahntalbahn über ein Eilzugpaar Limburg–Fulda mit der Vogelsbergstrecke verbunden. Daneben gab es noch je ein Eilzugpaar sowohl auf dem hessischen Abschnitt Limburg–Gießen als auch auf dem rheinland-pfälzischen zwischen Limburg und Koblenz. Das Angebot wurde ergänzt durch je einen weiteren Eilzug Koblenz–Limburg und Nassau–Koblenz, der einen Kurswagen für den D 602 nach Dortmund mitführte.

Kapitel 3

RE 25 nach Gießen passiert am 4. August 2007 das Vorsignal des Bahnhofs Aumenau.

Bei frühlingshaften Temperaturen ist am 19. April 2022 nicht nur der HLB-Triebwagen längs der Lahn unterwegs, sondern neben dem Fotografen nutzen auch weitere Radfahrer den parallel verlaufenden Lahntalradweg.

In der Mittagszeit wird der RE 25 mit den einteiligen VT 640 gefahren. Am 19. April 2022 hat diese Aufgabe 640 013 übernommen; das Ausfahrtsignal des Bahnhofs Aumenau zeigt für die Fahrtrichtung Koblenz Hp0.

Sowohl das Einfahrsignal als auch das Ausfahrvorsignal des Bahnhofs Aumenau zeigen dem Triebfahrzeugführer der Regionalbahn am Mittag des 22. April 2022 an, dass der Weiterfahrt in Richtung Limburg nichts im Wege steht.

Mitte der achtziger Jahre beschränkte sich der Eilzugverkehr ausschließlich auf die Lahntalbahn zwischen Gießen und Koblenz. Vier durchgehende Eilzugpaare und ein zusätzlicher Eilzug Gießen–Koblenz wurden in diesem Jahr angeboten. Hinzu kamen jeweils drei Eilzüge auf dem hessischen und rheinland-pfälzischen Streckenteil.

In der Gegenrichtung war an dieser Stelle am 18. Oktober 1996 die Gießener 216 128 im Einsatz.

Der Regionalexpress nach Koblenz hält am 18. Oktober 1996 im Bahnhof Villmar.

Blick von der Lahnbrücke auf den Bahnhof Aumenau, die Lahn und den aus Aumenau in Richtung Gießen ausfahrenden Zug. (18. Oktober 1996)

Am selben Tag durchfährt ein Güterzug auf der Fahrt in Richtung Gießen den Bahnhof von Villmar.

Am 4. August 2007 wird der Regionalexpress Koblenz–Gießen in wenigen Sekunden den hinter der Kurve liegenden Bahnhof Villmar erreichen.

In der Gegenrichtung hat wenig später der 643 der DB Villmar bereits hinter sich gelassen und strebt dem nächsten Halt in Runkel entgegen. (4. August 2007)

Wegen der stärkeren Nachfrage im Berufsverkehr wird die Regionalbahnleistung nach Limburg am späten Nachmittag durch zwei LINT-Triebwagen erbracht. (Villmar, 19. April 2022)

Einfahrt der Regionalbahn nach Limburg in den Bahnhof Runkel. Im Hintergrund thronen die Burgen Runkel und Schadeck hoch über dem Lahntal

Am 18. Oktober 1996 war die Lahntalbahn noch fest in der Hand der Baureihe 216. Unterhalb von Burg Schadeck führt eine Gießener Maschine dieses Typs ihren Regionalbahnzug in Richtung Heimat-Bw.

Die Vogelsbergbahn war lediglich sonntags noch durch einen über Gießen hinaus verkehrenden Eilzug aus dem Lahntal umsteigefrei erreichbar. D-Zug-Verkehr wurde 1985 nicht mehr angeboten.

Auch heute ist das Zugangebot mit Regionalexpress- und Regionalbahnzügen auf Zugkategorien reduziert, die den früheren Eilzügen und Personenzügen entsprechen. Nach der Regionalisierung des Nahverkehrs auf der Schiene war neben der DB AG zunächst das Eisenbahnverkehrsunternehmen Vectus im Raum Westerwald/Lahn unterwegs, seit Dezember 2011 wurde das Unternehmen »Hessische Landesbahn« (HLB) mit der Durchführung des Regionalbahnverkehrs in Hessen zwischen Limburg und Gießen beauftragt (RB 45/RE 24). Der Abschnitt Limburg–Koblenz im rheinland-pfälzischen Regionalbahnverkehr (RB 23) und der Regionalexpressverkehr zwischen Gießen und Koblenz (RE 25) liegen in der Verantwortung von DB Regio. Die Aufteilung der Strecke im Regionalbahnverkehr in zwei Abschnitte gibt es seit 2004. Der Regionalexpress 25 Gießen–Koblenz verkehrt als einzige Linie über die Gesamtstrecke im Zweistundentakt achtmal täglich, wobei der Frühzug in Richtung Gießen erst in Limburg startet.

Das Einfahrtsignal von Kerkerbach zeigt der Regionalbahn 45 nach Limburg am 19. April 2022 Hp1, während das Ausfahrtvorsignal bereits auf den planmäßigen Halt im Bahnhof hinweist.

Die Firma Schaefer Kalk setzt in ihrem Werkbahnhof in Steeden eigene Lokomotiven im Rangierverkehr ein. (17. April 2022)

Am Morgen des 19. April 2022 ist der Kalkzug von der Kerkerbachbahn im Bahnhof Kerkerbach angekommen. Zuglok ist die BASF-Maschine DE 25. Links im Bild der Bahnsteig der Lahntalbahn.

Ausfahrt Kerkerbach in Richtung Koblenz: Wegen einer Fußgängerbrücke, die die Sicht versperrt, sind hier kurze Ausfahrsignale aufgestellt worden.

643 050 als Regionalexpress nach Koblenz passiert am 17. April 2022 das Einfahrvorsignal von Kerkerbach

Unter der Woche verkehren im rheinland-pfälzischen Teil der Lahntalbahn zwischen Koblenz und Limburg Regionalbahnen im Stundentakt, die als RB 23 fast alle in der Relation Mayen Ost–Koblenz–Limburg laufen. Im Berufsverkehr werden über den Stundentakt hinaus Verdichterzüge eingesetzt, die aber nur von und nach Koblenz verkehren. Einige wenige Züge fahren zusätzlich von und bis Bad Ems, Nassau oder Dausenau. Die Abfahrtsbahnhöfe dieser Züge sind Kaisersesch, Mayen Ost, Andernach oder Koblenz. Am Wochenende wird der Stundentakt eingehalten, die Verstärkerzüge entfallen jedoch bis auf einen nachmittäglichen Zug im Sommerhalbjahr. Auf dem hessischen Streckenteil zwischen Limburg und Gießen werden die Regionalbahnen der Linie RB 45 über die Vogelsbergbahn bis Fulda, gelegentlich auch nur bis Alsfeld geführt, was bei einzelnen Leistungen bereits seit 2006 praktiziert wurde. Während der gesamten Woche verkehren die Züge der Linie RB 45 im Stundentakt bis etwa 22 Uhr, gegen Mitternacht fährt ein weiteres Zugpaar. Hinzu kommen einige Verstärkerzüge in den Relationen Weilburg–Gießen und Weilburg–Limburg. Alle zwei Stunden – insgesamt fünfmal täglich mit einer mittäglichen Lücke, die durch die RB 45 gefüllt wird – verkehrt zusätzlich im hessischen Teil der Strecke zwischen Limburg und Gießen der Regionalexpress 24 der Hessischen Landesbahn. Abends gibt es hier noch eine zusätzliche Fahrgelegenheit von Gießen bis Weilburg. Dieses Zugangebot wurde im Dezember 2021 zunächst für die Relation Gießen–Weilburg eingeführt und seit Dezember 2023 auf den Rest des hessischen Streckenteils bis Limburg ausgedehnt.

Kurz vor dem Bahnhof Eschhofen erreicht die Strecke von Frankfurt die Lahntalbahn. Von hier bis Limburg ist die Lahntalbahn deshalb elektrifiziert. 643 046 bedient allerdings als RE 25 das Lahntal zwischen Gießen und Koblenz und befährt mit eigener Energiezufuhr den elektrifizierten Streckenabschnitt

Betrieblicher Mittelpunkt der Strecke Gießen-Koblenz ist der Limburger Hauptbahnhof. Zum Zeitpunkt der Aufnahme, am 18. Oktober 1996, wurden viele Leistungen im Lahntal durch die damals noch recht neue Baureihe 628.4 erbracht.

Diese Züge sollen Reisenden aus Gießen, die in Richtung Frankfurt oder Siegen weiterreisen möchten, in Wetzlar Anschlüsse an entsprechende Züge ermöglichen, die den Gießener Hauptbahnhof nicht anfahren. Hier müssen Reisende, die Richtung Limburg fahren, allerdings wegen der erwähnten Anschlussmöglichkeiten in Wetzlar eine längere Aufenthaltszeit in Kauf nehmen.

Der dichte Zugverkehr auch am Wochenende zwischen Gießen und Koblenz ist auch dem umfangreichen Wochenendtourismus geschuldet, denn das untere Lahntal wird von zahlreichen Radfahrern genutzt. Bisher führte der Lahntalradweg zwischen Balduinstein und Laurenburg auf einer steilen Strecke über die Lahnhöhen. Im Jahr 2022 konnte diese Lücke geschlossen und damit die Attraktivität dieses Radweges enorm gesteigert werden, wodurch auch eine verstärkte Nachfrage nach Zugverkehrsleistungen erwartet wird. Um den relativ dichten Taktverkehr reibungslos abzuwickeln, muss massiv in die Schieneninfrastruktur und Sicherheitstechnik investiert werden. Vor allem die viel Stellwerkspersonal bedingende veraltete Signaltechnik mit ihren Formsignalen und mechanischen Stellwerken wird aktuell ersetzt. Der rheinland-pfälzische Teil der Strecke konnte bereits vor fast zehn Jahren auf die Steuerung durch ein elektronisches Stellwerk (ESTW) umgestellt werden. Seit August 2015 wird der gesamte Streckenabschnitt von Diez aus ferngesteuert.

Im hessischen Teil der Lahntalbahn sollte die Umstellung zwischen 2025 und 2032 erfolgen. Durch das »Planungsbeschleunigungsgesetz« von 2020 konnten die Planungen vorgezogen werden. Die Arbeiten haben bereits Anfang 2024 begonnen und werden zum Leidwesen der Eisenbahnfreunde zügig abgeschlossen. Nach Abschluss der Arbeiten wird im hessischen Teil der Strecke ein signalisierter Gleiswechselbetrieb eingerichtet. Wie wichtig die Umstellung auf moderne Signaltechnik für den reibungslosen Betrieb auf der Strecke ist, zeigte sich im Frühjahr und Frühsommer 2024, als wegen des hohen Krankenstandes beim Stellwerkspersonal umfangreicher Schienenersatzverkehr eingerichtet werden musste. Umbauten wird es auf diesem Streckenteil darüber hinaus an den Bahnhöfen in Fürfurt und Aumenau geben. Wegen der Möglichkeit von Zugbegegnungen in Fürfurt soll dort ein Außenbahnsteig den heutigen Mittelbahnsteig ersetzen, damit der schienengleiche Übergang beseitigt wird. In Aumenau ist der Bau eines weiteren Bahnsteigs aus Platzgründen nicht möglich, deshalb werden die Züge in Zukunft alle am Hausbahnsteig halten. Aus diesem Grund wird der Bahnhof zwei Überleitverbindungen mit vier Weichen erhalten. Der Verband Pro Bahn & Bus regt darüber hinaus an, auf der Fläche der ehemaligen Gütergleise des Bahnhofs Aumenau ein für Güterzüge geeignetes Kreuzungs- und Überholgleis anlegen zu lassen, das gegebenenfalls für die Verladung von Holz genutzt werden kann. Auch die zahlreichen Tunnel der Lahntalbahn müssen einer Renovierung unterzogen werden. So wird zwischen 2025 und 2027 der 495 Meter lange Kirschhofener Tunnel erneuert werden, was nur bei eingleisigem Betrieb möglich sein wird.

In der Regel verlassen die Regionalbahnen der Linie 23 den Limburger Hauptbahnhof von Gleis 3. Am Morgen des 22. Mai 2024 steht 644 529 abfahrbereit zur Fahrt durch das untere Lahntal bis in die Eifel nach Mayen Ost.

Personenverkehr im unteren Lahntal

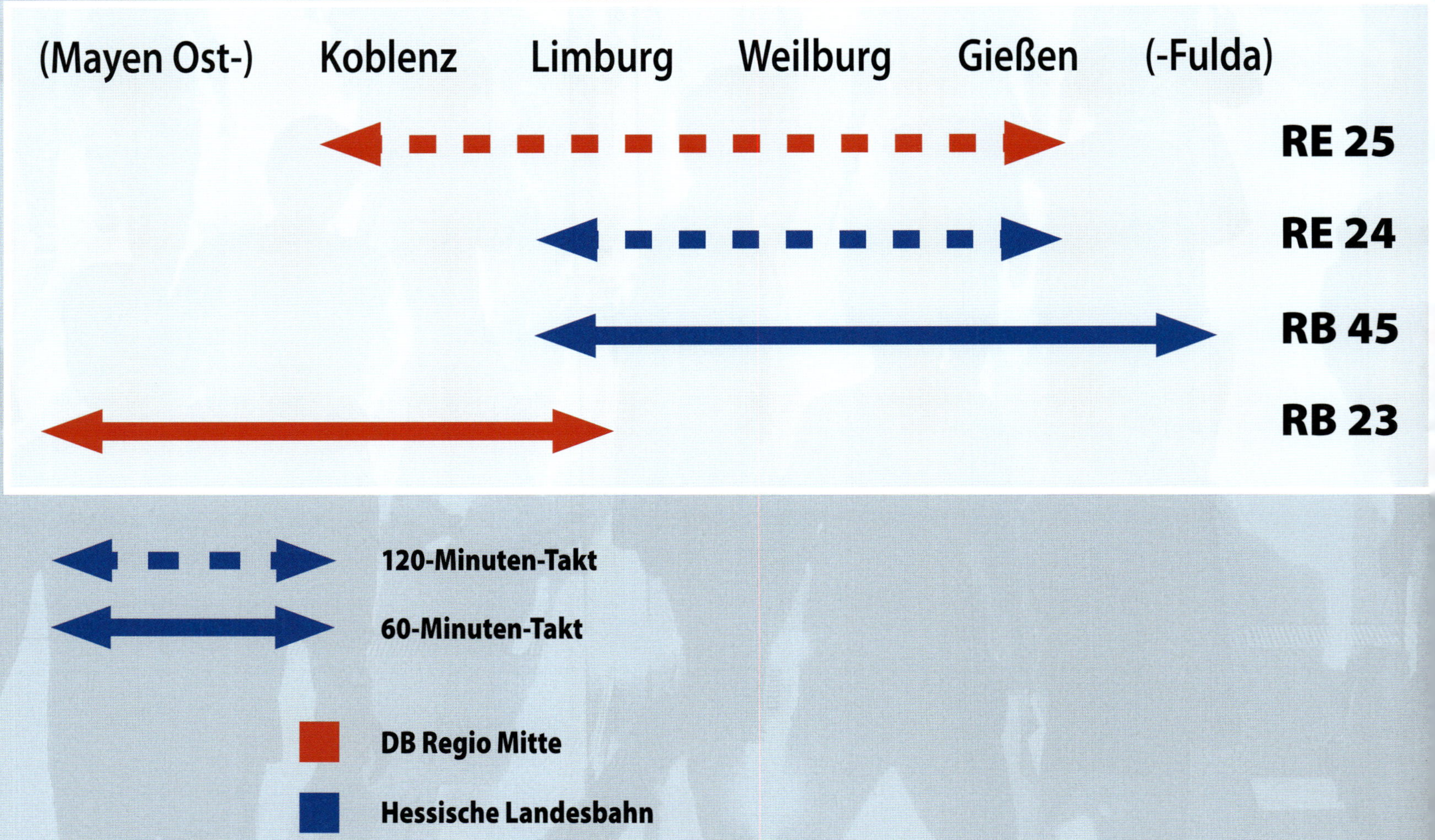

Von Limburg aus fährt ein Regionalexpress über Niedernhausen nach Frankfurt Hbf, der von elektrischen Lokomotiven gezogen wird. Aus diesem Grund ist die Lahntalbahn zwischen Eschhofen und Limburg elektrifiziert. (Limburg, 22. Mai 2024)

Kapitel 3

Von Limburg aus bedienen die Triebwagen der Hessischen Landesbahn die Westerwaldstrecken. Während der kleine Triebwagen der Baureihe 640 rechts nach Siershahn fährt, bietet das Fahrzeug der Baureihe 648 eine Direktverbindung Limburg–Siegen über Westerburg, Altenkirchen und Au/ Sieg. (22. Mai 2024)

Der Bahnhof von Diez atmet den Geruch totaler Verwahrlosung. Das ehemals repräsentative Bahnhofsgebäude lässt man offenbar so lange verfallen, bis ein Abbruch unumgänglich wird (22. Mai 2024)

Von diesem Stellwerk aus wird zurzeit die gesamte Lahntalbahn zwischen Limburg und Niederlahnstein gesteuert. 2024 laufen die Arbeiten zur Umstellung auf elektronische Steuerung auch für den hessischen Streckenteil. (22. Mai 2024)

Im Haltepunkt Fachingen steht noch das ehemalige Empfangsgebäude des Bahnhofs. (22. Mai 2024)

Im Jahr 2024 wird der Fachinger Tunnel mit großem Aufwand saniert. (22. Mai 2024)

Kurz hinter dem Bahnhof Fachingen führt die Lahntalbahn auf einer Brücke vom linken auf das rechte Lahnufer. (17. Oktober 1996)

Kurz vor Balduinstein wechselt die Strecke wiederum auf die andere Lahnseite, um das Terrain des Balduinsteiner Bahnhofs zu erreichen. (1. Juni 2023)

Am 17. Oktober 1996 hat 216 197 auf dem Weg nach Gießen im Bahnhof Balduinstein einen kurzen Halt eingelegt.

Bis zur Umstellung auf Lichtsignaltechnik waren die Ausfahrten in Richtung Koblenz im Bahnhof Balduinstein durch ein kurzes Ausfahrtformsignal gesichert, weil das Bahnsteigdach den Blick auf ein Signal mit höherem Mast verhindert hätte. (17. Oktober 1996)

28 Jahre später steht das Signal als Denkmal neben dem Bahnhofsgebäude und die Station ist auch nicht mehr besetzt. Die gesamte Strecke bis zum Rhein wird nun von einem Containerbau aus in Diez gesteuert. (22. Mai 2022)

Von der Landstraße am nördlichen Lahnufer aus lässt sich die Lahntalbahn zusammen mit Burg und Kirche schön ins Bild setzen, auch wenn der Bewuchs am Lahnufer den Triebwagen inzwischen teilweise verdeckt. (1. Juni 2023)

Die Gießener 216 096 hat am 17. Oktober 1996 Ausfahrt aus dem Bahnhof Laurenburg erhalten

Ein Vierteljahrhundert später steht zwar das Empfangsgebäude in Laurenburg noch, die alte Sicherungstechnik hat aber ausgedient und auch eine neue Fahrzeuggeneration, die sicher in naher Zukunft ebenfalls durch batterieelektrische Fahrzeuge abgelöst wird, hat im Lahntal Einzug gehalten. (1. Juni 2023)

Aus der Gegenrichtung ist am selben Tag die Regionalbahn aus Koblenz eingetroffen

1996 besaß der Obernhofer Bahnhof noch Formsignale und drei Bahnhofsgleise. Inzwischen ist Obernhof nur noch ein Haltepunkt, der ausschließlich über die beiden Streckengleise verfügt. (17. Oktober 1996)

Oberhalb des Obernhofer Bahnhofs, den am gerade der RE 25 aus Koblenz erreicht hat, thront die ehemalige Prämonstratenserabtei Arnstein über dem Lahntal. Sie wurde 2019 von griechisch-orthodoxen Ordensschwestern übernommen.

Innerhalb von zehn Minuten passierten am Nachmittag des 22. Mai 2024 zwei Güterzüge in Richtung Limburg den Obernhofer Haltepunkt. Der erste wurde von der ehemaligen DB-Lok 225 133 gezogen, die soeben den Obernhofer Tunnel und die sich anschließende Lahnbrücke passiert hat.

Der Güterverkehr auf der Strecke Wetzlar–Koblenz hatte früher eine wesentlich größere Bedeutung als heute. Als der Erzabbau in der zweiten Hälfte des 20. Jahrhunderts zurückging, war auch der Schienengüterverkehr rückläufig. Dem zurückgegangenen Güterverkehr im Lahntal Rechnung tragend, wurden in der Vergangenheit zahlreiche dem örtlichen Güterverkehr dienende Gleisanlagen abgebaut. Von Tonzügen abgesehen, die vom Bahnhof Löhnberg nach Limburg rollten, gab es in den neunziger Jahren eine Zeitlang zwischen Wetzlar und Limburg keinen Güterverkehr mehr, erst nach 2000 änderte sich das, weil Zugbildungsaufgaben von Gießen nach Wetzlar verlagert wurden und die Lahnstrecke für den Wagentausch zwischen Koblenz–Lützel und Wetzlar genutzt wurde. Auch gab es von 2003 bis 2008 mit einem wöchentlichen Kesselwagenzug, der zwischen Neuwied und Bernburg an der Saale verkehrte, wieder überregionale Güterzüge. Seit Ende 2023 verkehrt montags bis freitags ein Einzelwagenzug über die Gesamtstrecke zwischen Koblenz-Lützel und Wetzlar, der Holz, Ton, Kesselwagen und Stahlprodukte transportiert.

Aktueller Schwerpunkt des Güterverkehrs in diesem Teil des Lahntals ist Limburg. Dieser Bahnhof ist nicht nur im Personenverkehr, sondern ebenso im Güterverkehr einer der wichtigsten Bahnstandorte in Mittelhessen. Hier finden sich mehrere Anschließer, einer davon mit eigenem Containerterminal. Darüber hinaus werden im Bahnhof Limburg die aus dem rheinland-pfälzischen Westerwald und aus Löhnberg kommenden Tonerdezüge zu Ganzzügen zusammengestellt, um von hier aus den Weg nach Italien anzutreten. Als Abfuhrstrecke dient aber nicht die Lahntalbahn, sondern die elektrifizierte Taunusbahn über Niederhausen nach Frankfurt, die selbst kein eigenes Güterverkehrsaufkommen aufweist. Einzelne Waggons aus

Die Reihe 643 wird von der DB im Lahntal sowohl im Regionalbahn- als auch im Regionalexpressverkehr eingesetzt. Am Nachmittag des 22. Mai 2024 hat 643 033 als Regionalbahn 23 einen Halt in Obernhof eingelegt.

Von der B 217 bei Obernhof aus blickt man durch Langenauer und Obernhofer Tunnel in Richtung Haltepunkt Obernhof. (15. April 2022)

Bei schönem Frühlingswetter konnte am 15. April 2022 der von einem VT 648 gebildete RE 25 nach Koblenz vom Lahntalradweg aus zwischen Obernhof und Nassau aufgenommen werden.

261 051 durchfährt mit einem Güterzug den Bahnhof Nassau am 15. April 2022.

Oberhalb des Bahnhofs von Nassau, in dem am 17. Oktober 1996 ein Triebwagen der Reihe 628 auf der Fahrt in Richtung Limburg hält, liegt Burg Nassau, Stammsitz des Hauses Nassau, aus dem regierende Häuser der Niederlande und Luxemburgs hervorgegangen sind.

Am 7. Juni 2014 bediente noch das Eisenbahnverkehrsunternehmen Vectus die Lahntalbahn und die Einfahrt nach Nassau sicherten damals noch Formsignale.

Ein Triebwagenpärchen aus 640 und 648 überquert als RE 25 Gießen–Koblenz die Lahn kurz hinter dem Bahnhof Nassau. (16. April 2022)

Wegen eines verspäteten Regionalexpress' harrte der Fotograf am Abend des 23. Mai 2024 am Bahnübergang westlich von Nassau aus und konnte dadurch gleich zwei ehemalige V 100 der DB auf dem Weg nach Koblenz ablichten.

Der Zugang zu den Bahnsteigen in Dausenau führt über eine überdachte Fußgängerbrücke vom ersten Stock des ehemaligen Empfangsgebäudes aus. (15. April 2022)

Von dort aus konnte am 17. Oktober 1996 die Gießener 216 096 mit ihrem Regionalzug und das damals noch vorhandene Ausfahrformsignal abgelichtet werden.

Limburg werden allerdings auch dem zwischen Wetzlar und Koblenz verkehrenden Güterzugpaar beigestellt. Einer der Anschließer im Bereich des Bahnhofs Limburg ist ein bedeutender Logistikanbieter, der jährlich rund 2900 Waggons im Verkehr mit Spanien, Italien und Weißrussland auf die Schiene bringt. Wegen zu erwartender Zuwächse im Schienengütertransport plant die Firma eine Erweiterung ihrer Anlagen. Für die Erschließung einer neuen Umschlaghalle wird ein weiterer Gleisanschluss von 600 Metern Länge nötig, wobei eine beidseitige Anbindung an das bestehende Streckennetz vorgesehen ist, so dass eine Bedienung sowohl von Limburg als auch vom Bahnhof Diez aus möglich wird. Durch die Erweiterung sollen etwa 700 Güterwaggons mehr jährlich abgefertigt werden können.

Außerhalb von Limburg, wo noch zwei weitere Gleisanschlüsse vorhanden sind, ist das Schienengüterverkehrsaufkommen weniger umfangreich. Neben dem bereits erwähnten Bahnhof Löhnberg, in dem gleichzeitig zehn Waggons abgefertigt werden können, gibt es noch vier aktuelle oder kurzfristig reaktivierbare Gleisanschlüsse in Wetzlar. Die Gleisanlagen in Albshausen werden zwar derzeit nicht genutzt, sind aber ebenfalls reaktivierbar. Weiterer Güterverkehr kommt seit Juni 2010 von der Kerkerbachbahn. Nachdem die Firma Schaefer Kalk ihr Werk in Steeden ausgebaut und die von dort aus nach Kerkerbach führende Bahnstrecke als Anschlussbahn von DB Netz übernommen hatte, wird der Abtransport der Produkte auf der Schiene abgewickelt. Der notwendige Ausbau der Verladeeinrichtungen in Steeden wurde vom Bund finanziell gefördert. Dadurch wurden 45 Arbeitsplätze gesichert und 15 neue geschaffen. Die Kalktransporte zur Firma BASF in Ludwigshafen mit etwa 3400 Waggons jährlich ersparen 1,6 Millionen LKW-Kilometer.

Der RE 25 Gießen–Koblenz durchfährt den Haltepunkt Dausenau ohne Halt. (23. Mai 2024)

Zwischen Dausenau und Bad Ems ermöglichten die starken Niederschläge die Spiegelung des RE 25 im Wasser einer überfluteten Wiese. (23. Mai 2024)

Blick von den Lahnhöhen auf den Bahnhof von Bad Ems. Eins der ehemaligen Stellwerke steht verloren auf dem früher dem Güterverkehr dienenden Areal nördlich der beiden Bahnhofsgleiswe. (23. Mai 2024)

Triebfahrzeugeinsatz

Alle jemals im unteren Lahntal eingesetzten Triebfahrzeuge hier aufzuführen, würde sicherlich zu weit führen, deshalb soll lediglich kursorisch auf die Bundesbahnzeit und natürlich den aktuellen Fahrzeugeinsatz eingegangen werden. Wichtigste Einsatzstelle zwischen Gießen und Niederlahnstein war das frühere Bahnbetriebswerk Limburg, daneben auch die Bahnbetriebswerke Wetzlar und Gießen. Aber auch Oberlahnsteiner Maschinen waren neben Trierer Schnellzugloks der Reihe 01, die den Westerländer Eilzug bespannten, im Lahntal zu sehen. Vor dem massenhaften Eintreffen von Diesellokomotiven und -triebwagen gab es eine große Vielfalt an Lokomotivtypen im Lahntal, von denen die wichtigsten genannt sein sollen. Neben der bereits erwähnten Schnellzuglok der

In Bad Ems sind außer den beiden Streckengleisen noch zwei Weichen westlich der Bahnhofshalle vorhanden, damit Regionalbahnen von Koblenz, die in Bad Ems enden, in Gleis 1 einfahren können. 643 543 am 16. April 2022 bei der Einfahrt in dieses Gleis aus Richtung Nassau.

Der Bahnhof Bad Ems verdankt seine imposante Bahnsteighalle aus dem Jahr 1910 seiner früheren Bedeutung als Kurort des europäischen Hochadels. (7. Juni 2014)

Das in der Gegenrichtung aufgenommene Bild vom selben Tag zeigt das auf beiden Seiten der Halle unterschiedliche Profil der Dachkonstruktion.

Blick aus der Bahnsteighalle von Bad Ems auf den aus Richtung Koblenz einfahrenden Regionalzug und das wegen der Sichtbeschränkung – ähnlich wie in Balduinstein – sehr kleine Ausfahrtsignal. (17. Oktober 1996)

Der Haltepunkt Bad Ems West liegt neben dem ehemaligen Gebäude des »Emser Blei- und Silberwerkes« von 1908, dessen Gebäude heute zwei Discounter nutzen. (23. Mai 2024)

Vor der Umrüstung auf Lichtsignale und Fernsteuerung standen noch Telegrafenmasten entlang der Strecke durch das Lahntal. (Miellen 7. April 2014)

Reihe 01 waren das vor allem die bundesweit eingesetzten 38er und 50er, daneben die Baureihen 23, 39°, 41, 56^2 und 86. Vor Militärzügen waren auch 44er des Bw Koblenz–Mosel im Lahntal zu sehen. Mit der allmählichen Ablösung der Dampftraktion wurde das Bw Limburg zur Heimat der neuen Akkumulatortriebwagen der damaligen Reihen ETA 150 und 176 (»Limburger Zigarre«). Von den frisch ausgelieferten ETA 176 kamen drei direkt nach Limburg, die anderen fünf, die zunächst in Hameln und Kassel beheimatet waren, wurden ab 1960 ebenfalls in Limburg beheimatet und im Lahntal und auf allen von Limburg ausgehenden Strecken eingesetzt. Daneben kamen auch Uerdinger Schienenbusse zum Einsatz und vor D- und einigen Eilzügen in den 1960er Jahren auch die Baureihe V 200. Die übrigen lokbespannten Züge wurden von den Baureihen V 100 (später 211/212) und V 160 (später 216) gezogen. Die Baureihen 212 und 216 wurden ab 1998 allmählich durch die stärkere Reihe 215, diese selbst ab Dezember 2002 durch die Reihe 218 ersetzt. Mit beiden Typen wurde im Lahntal der Wendezugbetrieb eingeführt. Lokbespannte Züge wurden Ende der achtziger Jahre durch die damals neue Triebwagenbaureihe 628 ersetzt, die auch noch einige Jahre gemeinsam mit den ab 2004 eingesetzten Triebwagen der Typen LINT 27 und 41 (Baureihen 640 und 648) im Lahntal liefen. Im Regionalexpressverkehr war ab 1997 erstmals die mit Neigetechnik ausgerüstete Baureihe 611 im Lahntal unterwegs, die wegen technischer Probleme aber gelegentlich durch lokbespannte Züge ersetzt werden musste. Später wurde diese Reihe im Regionalexpressverkehr von der ebenfalls mit Neigetechnik ausgestattete Baureihe 612 abgelöst, die ihrerseits von Oktober 2009 bis Dezember 2010 ohne Neigetechnik verkehrte und in dieser Zeit die fahrplanmäßig zwischen Gießen und Limburg um elf Minuten reduzierte Fahrzeit nicht einhalten konnte. Unterstützung erhielten die Fahrzeuge durch die Baureihe 643. Heute verkehren im Personenverkehr im Lahntal ausschließlich Triebwagen der Baureihen 640, 643, 644, 646 und 648. Im Güterverkehr sieht man meist Dieselloks der Typen Vossloh DE 18, ehemalige Reichsbahn-V 100, ehemalige DB-225, Voith Maxima oder auch die DB-Reihe 261.

Obwohl am Wochenende zahlreiche Radfahrer im Lahntal unterwegs sind, setzt die DB am späten Nachmittag des 16. April 2022, einem Samstag, lediglich den einteiligen 640 019 auf der Regionalexpresslinie 25 ein. (Friedrichssegen)

Auch die eine halbe Stunde zuvor aus Friedrichssegen ausfahrende Regionalbahn 23 wird nur mit reduziertem Platzangebot gefahren.

Wenn man wie der Autor dieser Zeilen Jahr für Jahr die Bahnstrecken in ganz Deutschland bereist, erlebt man manch kuriose Geschichte, so auch an einem Tag im Sommer 1999 im Lahntal.

Bahnsteigwechsel in Balduinstein

Freud und Leid eines Eisenbahnfotografen

Wer der Bahn als Staatsunternehmen mit ihrem ausgeprägten Sinn für Vorschriften nachtrauert, darf sich freuen. Es gibt ihn noch, den paragraphenbegeisterten, bornierten Beamten bürokratischer Prägung, der seine ganze berufliche Kraft scheinbar ohne Rücksicht auf den Verstand in den Dienst bahnamtlicher Vorschriften stellt.

Im schönen Lahntal, genauer: auf dem Bahnhof von Balduinstein, agierte an einem sonnigen Sommernachmittag solch ein Idealtypus urdeutschen Beamtentums zur Freude von vier niederländischen Urlaubern, die nach dem zu schildernden Vorfall allen Grund hatten, ihre möglicherweise vorhandenen Vorurteile hinsichtlich »typisch deutschen« Verhaltens bestätigt zu sehen.

An besagtem Nachmittag beschloss ein begeisterter Eisenbahnfotograf, einen in Balduinstein einfahrenden VT 628 abzulichten. Da aber die Sonne ungünstig stand, entschloss er sich, doch lieber den Zug mit der Kulisse des Bahnhofsgebäudes im Hintergrund auf Zelluloid zu bannen. Dazu musste das Gleis zwischen den beiden Bahnsteigen auf einem dafür vorgesehenen Übergang überquert werden. Weit und breit war kein Zug zu sehen, also überquerte unser Fotograf kurzentschlossen das Gleis eins.

Die Hartnäckigkeit des Fahrdienstleiters in Balduinstein bescherte dem Fotografen diese Gegenlichtaufnahme.

Kaum hatte der pflichtbewusste Bahnbedienstete auf Bahnhof Balduinstein die Absicht des frevlerischen Hobbyfotografen erkannt, stürzte er in olympiareifem Tempo aus seiner Dienststube und befahl dem Tunichtgut in barschem Ton, sofort wieder zurückzukommen. Auf die höfliche Frage, warum der Aufenthalt auf dem mittleren Bahnsteig nicht erlaubt sei, wurde ihm beschieden, es fahre gleich ein Zug auf dem ersten Gleis ein und das Überqueren eines solchen Gleises sei verboten.

Dem Fotografen war es leider nicht vergönnt zu verstehen, dass der heiligste Zweck von Vorschriften ihre Einhaltung ist; wie sonst hätte er es wagen können, in dieser Situation zu argumentieren. Er sei doch nun schon drüben; insofern bestehe ja jetzt keine größere Gefahr, überfahren zu werden als auf dem anderen Bahnsteig. In dieser Situation nun bewährte sich die pflichtbewusste Beamtenseele in beispielloser Form als kompromissloser Vollstrecker bahnamtlicher Vorschriften. Dem ruchlosen Angriff auf bestehende Paragraphen begegnete er ohne Rücksicht auf Leib und Leben des Fotografen mit der hartnäckigen Forderung nach Rückkehr auf Bahnsteig eins. Welche Prioritäten für solche Musterexemplare deutschen Beamtentums gelten, zeigte sich, als der Fotograf nun gezwungen wurde, vor dem sich bereits in der Ferne ankündigenden Triebwagen abermals das von dieser Zugfahrt betroffene Gleis zu überqueren.

Die niederländischen Gäste quittierten die Verkehrung des Sinns der Vorschrift ins Gegenteil mit einem Schmunzeln und konstatierten, dass die bürokratische Welt auch bei der privatisierten Deutschen Bahn AG noch in Ordnung ist. Der Fotograf aber mochte sich trösten. Er schoss das ursprünglich geplante Foto. Es wurde eine schöne Gegenlichtaufnahme!

WEITERE INTERESSANTE BÜCHER ZUM THEMA

Eisenbahnen im Harz

Die Eisenbahnen in und um Deutschlands nördlichstes Mittelgebirge haben weitaus mehr zu bieten als die spektakuläre Dampffahrt auf den 1141,2 m hohen Brockengipfel: Dirk Endisch präsentiert Geschichte, Strecken und Fahrzeuge rund um die zahlreichen Eisenbahnstrecken im Harz.

208 Seiten, 200 Abbildungen, 210x242 mm
ISBN 978-3-613-71615-5

€ 29,90 | €(A) 30,80

Mit Volldampf durch Sachsen

Sachsen zählte in den 1980er Jahren zu den letzten Dampflok-Refugien der Deutschen Reichsbahn der DDR. Oliver Bräuer hat diese Zeit erlebt und im Bild festgehalten. Aus diesen Fotos entstand ein Bildband, der zu einer authentischen Reise durch das Sachsen von damals einlädt.

144 Seiten, 130 Abbildungen, 230x265 mm
ISBN 978-3-613-71637-7

€ 29,90 | €(A) 30,80

…läufer

… meisten Urlaubern besitzen sie bis heute Kultstatus: Auf …rzahl der deutschen Nordseeinseln gewährleisteten über …te liebenswerte Schmalspurbahnen eine regelmäßige …g zwischen Fähranleger und Inselort.

… 100 Abbildungen, 170x210 mm
…13-71706-0

… 17,40

Einsteigen!

Deutschlands reizvollste Landschaften lassen sich umweltschonend vom Zug aus erleben. Eisenbahnexperte Karl-W. Koch nimmt mit auf eine Reise über bekannte, weniger bekannte und unbekannte Strecken. Besuche an besonderen Highlights runden den Lektürespaß ab.

192 Seiten, 200 Abbildungen, 230x265 mm
ISBN 978-3-613-71619-3

€ 29,90 | € (A) 30,80

Leseproben zu allen Titeln auf unserer Internetseite

…s und …halten.

Überall, wo es Bücher gibt, oder unter
WWW.MOTORBUCH-VERSAND.DE
Service-Hotline: 0711 / 78 99 21 51

trans press

www.facebook.com/MotorbuchVerlag